绿色科技

Renewable Energy
Sources and Methods

可再生能源
来源与方法

〔美〕安妮·马克苏拉克 著

李昱熙 姜 晨 等译

科 学 出 版 社

北 京

图字：01-2010-5739 号

This is a translated version of

Renewable Energy: Sources and Methods

Anne Maczulak

Copyright©2010 by Anne Maczulak, Ph.D.

ISBN: 978-0-8160-7203-3

Illustrations by Bobbi McCutcheon
Photo research by Elizabeth H. Oakes

图书在版编目（CIP）数据

可再生能源：来源与方法 / (美) 马克苏拉克(Maczulak, A.) 著；李昱熙等译.
—北京：科学出版社, 2011　　（绿色科技）
ISBN 978-7-03-031625-7

Ⅰ. ①可　Ⅱ. ①马　②李　Ⅲ. ①再生能源　Ⅳ.①TK01

中国版本图书馆CIP数据核字(2011)第115881号

责任编辑：田慎鹏　贾明月　马云川　许治军
责任校对：胡小洁 / 责任印制：徐晓晨
封面设计：耕者设计工作室

斜 学 出 版 社出版
北京东黄城根北街 16 号
邮政编码：100717
http://www.sciencep.com

北京凌奇印刷有限责任公司印刷
科学出版社出版　各地新华书店经销
*

2011年7月第　一　版　开本：787×1092 1/16
2021年1月第二次印刷　印张：13 3/4
字数：172 000
定价：59.80元
（如有印装质量问题，我社负责调换）

译者名单

本册主译　李昱熙　姜　晨

参译人员　（按姓名汉语拼音顺序排列）

杜承达　付　玉　郭　磊　姜　晨　姜冬阳
李昱熙　李　岳　骆春瑶　倪彦彬　田　琳
万一楠　王秋勉　王　萱　原　宁　郑　茹

丛书协调　郝晓健

感谢 PUMCTRANSWORKS 翻译小组
对本丛书翻译工作的鼎力支持

致　谢

　　我要衷心感谢为本书付梓提供过帮助的朋友们。特别感谢
Bobbi McCutcheon，是他把我杂乱无章的理论观点幻化成清楚直
观的图表；感谢图片编辑 Elizabeth Oakes 提供的图片，讲述了过
去和目前的环保技术。还要感谢 Jodie Rhodes 给予的不懈鼓励。
最后，我还要感谢执行编辑 Frank Darmstadt 和 Facts On File 出版
社的编辑提供的有力帮助。

序

　　第一个"世界地球日"诞生于 1970 年 4 月 22 日，这要归功于一批有识之士，是他们意识到我们的环境在日复一日地受到破坏，同时他们还意识到自然资源并非取之不尽用之不竭。环境灾难频发，有毒废弃物排放日益增多，森林、清洁水源和其他资源遭到大面积破坏，这一切都让"世界地球日"的创立者相信只有科学家和公众们携起手来才能拯救环境。由此可见，环境科学的诞生可以追溯到 20 世纪 70 年代初期。

　　起初，环境科学家很难让人们意识到大灾难即将降临。比起爆发性事件，对环境日积月累的小破坏更加难以察觉，而事实上我们的环境正经受着小破坏和大灾难的双重打击。公众和各国领导人已经无法再对臭气熏天的垃圾填埋场、污染所引起的疾病及寸草不生的土地视而不见。"世界地球日"诞生之后的十年间，环境方面的立法已初具规模。之后环境科学也不仅局限于概念，而成为了上百所大学开设的专业。

　　环境状况在不断改变，但几乎所有的科学家都相信环境并没有变好，而是在持续恶化。他们还认同这样一个观点：在过去 100 年中，破坏环境的罪魁祸首就是人类自身的活动。其中的一些变化已经不能逆转。因此，环境学家正竭力从三方面解决生态问题：清理已经对地球造成的破坏；改变自然资源的利用方式；开发新技术以保护地球剩余的自然资源。这些目标都是绿色行动的一部分。用于实现这些目标的新兴科技统称为绿色科技。"绿色科技"这套多卷丛书旨在探索改善环境的新方法。这套丛书由以下分册组成：

- 清洁环境
- 废弃物处理
- 生物多样性
- 环境保护
- 污染
- 可持续发展
- 环境工程
- 可再生能源

每一册书都对书中所涵盖内容进行了简要的历史背景回顾和现有技术介绍，余下的部分则重点关注环境科学中的新技术。一些绿色科技还更多地停留在理论层面，付诸实践还需假以时日；另外一些绿色科技则已融入国民日常生活中，回收利用、可替代能源、节能建筑以及生物技术便是其中的代表。

这套系列丛书也没有忽视公众为保护环境所付出的努力。书中同时还阐释了大型国际组织如何引导不同国家、不同文化的人们建立使用自然资源的共同平台。因此可以说，"绿色科技"丛书是自然科学与社会科学的融合。作为一名生物学家，我为这门旨在拯救环境使其免受更多破坏的新兴学科所鼓舞。本套丛书的目的之一就是向有志于从事环境科学研究的学生们展示摆在他们面前的科学机遇。我同样为环境保护组织的无私奉献精神所感动，并认识到要阻止环境进一步恶化还需要克服许多困难。相信读者朋友们也会从书中了解到，我们在保护地球的过程中还会面临许多科技层面和社会层面的挑战。或许这套书能够给学生朋友们一些启示，使他们充分发挥聪明才智来治理我们的环境。

目　录

工具栏

　　千百年来，一代一代的人类都依靠种类相当有限的能源劳作生息。木材、煤炭、石油和天然气等作为燃料为人们提供热能，并用于烹饪；而风力和水能则推动着帆船在海上航行。但人类并非因此而局限了自己的生活。人类社会不断地扩张，急需新型的交通工具。很快地，社区的增长速度就已经超过了自然资源的承受能力。世界上一些地区的资源消耗超过了其他地区，于是他们开始从资源丰富的地区进口原材料，以保证其高速的经济增长。在不断增加的煤炭开采压力之下，森林开始消失，原油储备也变得越来越难以发现，挖掘难度也逐步提高，最终，科学家通过计算得出了未来石油耗竭的时间。

　　除此之外，早在1950年，人们就开始意识到了一些其他的变化。随着污染的加重，天空变得越发阴霾。技术的进步当然会给文明带来新的便利，但这些技术也带来了严重的环境问题。物理、化学、工程学、生物学和生态学的毕业生需要迅速投身于相关的能源工作中，来彻底改变社会使用和重复利用生产能源材料的方式。

　　与环境科学中其他领域相比，可再生能源（renewable energy）具有更大的优势，因为在这一领域每天都有新技术涌现。

尽管美国能源技术曾一度将煤炭与石油提取作为重中之重，但新技术的出现，也增加了整体的能源消耗。核能（nuclear energy）工业在 20 世纪 50 年代就已经有所发展，不过随着时间的推移其前景稍显黯淡。核电的未来发展依然非常不明朗，并且社会各界一直对其保持着种种安全方面的担心，因此，煤、石油、天然气再次称霸世界能源领域——这三种能源满足了全球 87% 的能源需求。自从 70 年代以来，作为世界能源产业的领头羊，庞大的石油、煤炭企业，以及使用核能或非核能的电力生产厂都得到了极大的发展。

全球能源供应出现的首个翻天覆地变化的警告发生于 20 世纪 70 年代，当时在中东新成立了一个控制该地区廉价石油供应的卡特尔（cartel）垄断联盟。直到那时，美国人才认识到应该采取措施，适应新的速度限制和价格上涨。再到后来，由于天然气配给的限制，司机们对此产生了争议——也许有一天，汽油的产出终将告罄。

对美国人而言，不仅来自于外国海岸的石油供应让人有点琢磨不透，环境保护专家也带来了更加令人不安的消息。他们警告说，第一，地球的石油供应将逐步减少，并达到一个回归点；第二，燃料燃烧排放到大气中废气的水平日积月累，已经达到了危险的地步，足以导致全球气温的上升。市民们很难想像，开车去商店这样一个简单的行为能够在某种程度上造成全球气温的提升，因此很多人忽视了即将来临的全球性的气候危机，并继续我行我素。而科学界则沉浸在激烈的争论之中。然而，讨论的话题却是全球变暖是否真的存在。

在 20 世纪 90 年代，美国副总统戈尔（Al Gore）发表讲话，介绍了大气科学家收集的越来越多的气温上升的证据。他们提醒公众引起注意，任何交通工具的废气排放，当然，大部分还是来自于汽车和卡车，都会积聚在大气之中，并影响地球正常的热量循环。到了 90 年代末，少数汽车生产商提出了新的理念，即电力 - 汽油双动力系统汽车。与此同时，关注全球气候变暖的科学家也越来越多，并且其中大多数科学家警告说，气候的改变大都来源于人类的活动，而非其自然的改变。一部分司机尝试了新的汽油电动车，发现的确保护了汽油资源，并减少了尾气排放。但是，这种思想转变并没有动摇美国大多数的汽车购买者及汽车制造商，因为大功率的引擎意味着更大的动力和更快的速度。

很难说从哪一刻起，人们转而青睐污染较少的能源，然而，在新世纪之初，大多数人都对环境有了新的认识。认为地球正朝着变暖的方向发展的人数开始超过了那些持怀疑者的人数。一个新的社会出现了：在那里的人们希望能为自己的汽车、公共交通以及住房提供新的替代能源。而可再生能源恰恰代替了人们对化石燃料（fossil fuels）的需求，并更加坚定了环境保护者的信心，其已成为了能源供应的中流砥柱。就连那些曾经对地球变暖嗤之以鼻的政客，也转变了想法，并将权利之手伸向了环境保护领域。今天，如果一个政客在选举前没能制定一套完整的办公室节能减排计划来减少化石燃料的利用，那么其注定是愚蠢的。

1988 年，世界气象组织（World Meteorological Organization，WMO）与联合国环境规划署（United Nations Environment Programme，UNEP）一道，设立了一个政府间的政策专家与科学家团队，并称其为政府间气候变化专门委员会（Intergovernmental Panel on Climate Change，IPCC）。IPCC 已经率先对有关全球变暖及大气中温室气体（greenhouse gases）含量等现有知识进行了评估。普通市民会发现，气候变化是一个如此复杂的问题，以至于他们通常只关注那些摆在眼前的现实问题：诸如海平面的上升、处于灭绝边缘的丛林、传染病的流行，以及海洋生态系统的逐步衰弱等。而 IPCC 正是对所有这些问题进行总结，并制定可行的方案，尽可能控制全球变暖的趋势。

而在 IPCC 有关气候改变的对策之中，可再生能源与其他低排放的能源一道，是解决问题至关重要的组成部分。通过阅读这一机构对气候变化的预告，即便是一位普通市民，也能够很快了解到，任何单一领域的专业知识都无法独立解决全球变暖问题。这是随着工业革命而来的，诸多产业飞速增长而造成的复杂问题。可再生能源的发展，则为人类改善曾对这一星球带来的破坏提供了最大的有利条件。

本书正是回顾了自从全球日益增长的能源消耗每年约增加1~3个百分点以来，可再生能源技术的现状这一重要议题。其中包含了目前的能源消耗速度以及继续保持这一速度可能带来的严重后果。本书介绍了能源的主要传统形式——煤、石油和天然气等对经济作出的贡献，主旨是告诉人们替代能源领域每天迸发的新思路。

分章节而言，第1章回顾了全球能源的历史，从上世纪依赖的化石燃料，到能源生产和分配的新途径。第2章讨论了回收利用在能源保护中扮演的重要角色，通过管理自然资源，和促使工业寻找普通材料的新用途发挥着作用。第2章还介绍了回收再利用领域的新进展及发展方向等。

第3章介绍了替代能源汽车这一重要课题，而这也必将成为未来新能源的重要组成部分。这一章还同时解释了为什么新能源汽车无法作为一个孤立的任务进行设计生产，因其必须通过制造商、能源公司以及全社会的通力协作才能够完成。除此之外，这一章还介绍了生物能源背后的技术，如合成燃料、电池及燃料电池等，这些都是替代能源领域的最新进展。

第4章介绍了生物炼制产业的相关内容。通过这一领域，人们利用植物生产的化合物（通常是乙醇）作为交通工具或加热用的新燃料；如果这一产业希望追上化石燃料的脚步，究竟还面临着哪些严峻的挑战。这一章还介绍了燃料输送的一种特殊方式——管线输送。

第5章介绍了清洁能源的创新，这一能源并不会像化石燃料那样带来很多的空气污染。这一章还分别介绍了太阳能、风能、水能及地热能的优、缺点。这也与全书的主旨不谋而合，即在能源科技领域，有着数不清的选择和新思路在不断萌生。

接下来的一章介绍了建造能源保护房屋的新方法。针对汽车的新燃料，在不远的将来很可能会处于供不应求的地步，而新型的建筑也将会面临同样的挑战，今后的建筑项目将越来越多地坚持减少排放、尽可能对原料进行再利用并节约能源的原则。第 6 章还对供暖、制冷、照明、保温、采光及废物管理等领域的最新科技加以全面的介绍。

第 7 章对生物质（Biomass）这一保护化石燃料的重要能源物质进行了介绍。包括生物质的特性，可以将其作为能源物质的原因，以及目前可以利用其作为未来重要能源物质的决定等方面。这一章还对新兴的国际市场中的碳贸易进行了介绍，这也是可再生能源时代最具创新的一大创举。

总之，本书对不远的未来及长期规划中可能出现的一系列令人振奋的新技术进行了介绍。即便其中提到的技术可能只有一部分在将来有望投入使用，但社会终究会创造一个很好的机会，帮助我们将我们的地球家园从现在的危险境地中解救出来。

地球母亲，能量之源

　　能量是宇宙中的万物之源。能量，不仅创造了地球上的生物群系（biome），并维持着生命的繁衍生息。一切生命形式，小到单细胞的微生物（microbe），大到体型巨大的蓝鲸，都存在于一个持续的消耗、使用和储存能量的过程之中。因此，从能源管理的角度而言，人类社会与其他一切种群的运行都遵循着同样的规律：任何种群都无时无刻不在消耗能源产生能量，与此同时，还贮存了一部分能源以备其后代所需。这种从上一代到下一代能源的节约与保护（conservation），是藏在可持续发展（sustainability）（一个体系在一段时间内保证存活的过程）背后永恒的规律。在生物界的词典中没有"永恒"这个词，可持续发展亦是如此。通过可持续发展，生物的生存时间得以延长，但并不能保证生命的永恒。

　　任何具有价值的物质都可以称作资本，而地球的资源则可以被称为自然资本（natural capital）。自然资本，即自然界中的物质，如树木、河流、煤炭和野生动物，我们必须像负责任的人们管理自己的钱财一样管理这些自然资本。我们假设，一个人拥有 10 000元钱，但却在一个月中全部花光，那么我们说他并没能保存这些钱财的货币资本，这个人也注定无法享受一种舒适的生活方式。而通过制定合理的预算，并保持审慎的花费，同样数量的钱财就可以维持更长的时间，这就是资本的保持。

我们可以继续使用经济学上的比喻方式，假如一个储蓄账户，有 10 000 美元的存款，但没有任何形式的收入来源，这就相当于一种不可再生资源（nonrenewable resource）。一旦其中的存款花费了，就不会像变魔术一样出现更多的钱。就自然资本而论，地球上的不可再生资源主要有石油、天然气、煤炭、金属、矿产和土地等。一旦当开发能源所需的花费超过了不可再生资源本身价值的时候，我们就认为，这一部分资源已经消耗殆尽。

一个人可以通过一份工作挣得收入，弥补每月的花费，而使他的账户保持在 10 000 美元。大自然在这方面也具有异曲同工之处，地球上包含的可再生资源（renewable resources），包括森林、植物、野生动植物、水、清新的空气、还有新鲜土壤和阳光等，都可以随着时间的推移不断更新补充。有的再生资源可能需要很长的时间才能得以更新（recharging），比如说树木，往往需要百年以上才能成熟；而有些则更新起来非常迅速，比如每天的曦微晨光。

可持续的生存发展就意味着聪明合理的使用可再生资源，从而将不可再生资源保持下来。同时，即便是可再生资源，也必须合理的管理，否则它们也可能以迅雷不及掩耳的速度，在更新之前永远的消失。我们的地球母亲现在正在经历着这样一个严重的考验，因为在世界上的许多地方，森林、植被、野生动物、干净的水、清新的空气以及肥沃的土壤等可再生资源，在大自然还没能来得及更新之前，就已经消耗殆尽了。

资源的可持续利用，取决于资源保护与管理的基本原则。自 20 世纪 60 年代开始，就已经有人认识到不可再生资源的保护迫在眉睫。从那时开始，人们就开始想方设法加大太阳能、风能、水能等可再生能源的使用。本章主要介绍现今正在利用的可再生能源，对这些资源的管理，以及对未来至关重要的新技术等方面的内容。

本章回顾了世界范围内的能源利用现状，并涵盖了可再生与不可再生能源的具体特点。其中还谈到了社会是以何种方式对石油产生依赖，以及相比之下，从传统的化石燃料向可再生能源转换所带来的巨大好处。本章还讲述了与能源利用有关的专题，如碳资源的管理以及公用事业单位将能源提供给消费者的分配机制等。

世界能源概览

自从工业革命引入机械化生产理念以来，全球的能源消耗呈现着翻天覆地的飞速发展态势。然而，随着 1970 年 4 月 22 日——第一个世界地球日的到来，越来越多的公众已经对环境保护有了更清醒的认识，并意识到要以更加审慎的态度对自然资源加以利用。20 世纪 80 年代以来，美国的能源消耗速度已经逐步减慢，但即便如此，世界上仍没有任何一个地方，能与美国人对能源的奢侈利用相提并论。

美国平均每年消费约 100 万亿英热单位（British thermal units，Btu）的能源［一台发动机燃烧 80 亿加仑（30 亿升）的汽油生产约 1 万亿（10^{15}）英热单位的能量；1 个英热单位等于燃烧一根木质火柴释放的热量］。美国所消耗的能源远远超过了其所能生产的负荷，因此进口能源弥补差额成了必然趋势。下表显示了美国目前的能源利用情况。

电力产业占据了其中最大的份额，约占美国使用的能量总和的 40%。交通运输业消耗了 28.5%，工业占了 21.1%，而住宅及商务建筑占了 10.4%。

一个国家的生活方式与经济类型影响了居民消耗能源的比例。在众多的能源使用大户所消耗的能量中，其自身生产的却是凤毛麟角。例如，卢森堡，人均消耗的能量相当巨大，但却几乎不生产任

美国能源消耗情况		
消耗能源	占总消耗量比例 /%	该能源主要应用领域
石油	39.3	交通、工业、商业楼宇、电力产业
天然气	23.3	交通、工业、商业楼宇、电力产业
煤	22.5	工业、商业楼宇、电力产业
核能	8.2	核电产业
可再生能源	6.7	交通、工业、商业楼宇、电力产业
资料来源：能源信息管理委员会（EIA）		

何能源。过去 10 年人均消耗能源最多的国家是：卡塔尔，阿拉伯联合酋长国，巴林，卢森堡，加拿大和美国。美国消耗了超过全球总能源的 21% 的能量，中国以 15% 的比例紧随其后。附录 A 和 B则分别列出了能源消费（原油）国和能源消费趋势国的排行。

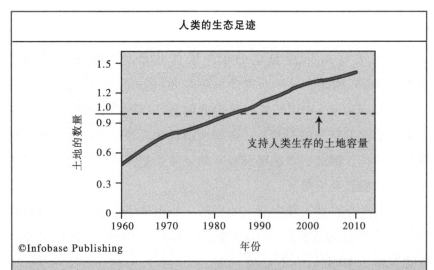

全球人口已经超过了其生态足迹约 20% 的数量。每一年，地球的平均人口所消耗的资源与释放的垃圾都远远超出了这个星球所能承受的能力。超过生态足迹带来的许多后果已经显而易见：濒临灭绝的鱼类、逐渐减少的森林覆盖、新鲜水源的缺乏以及垃圾的堆积，等等。

　　一个国家的能源形式在一定程度上代表了其工业化的水平。根据国际能源协会（IEA）的估计，发达国家使用约 340 万吨[①]（310万公吨）的能源（以同等石油热当量计），发展中国家仅消耗 170万吨（150 万公吨）。

　　可以通过生态足迹（ecological footprint）的计算方式，对全球可再生资源与不可再生资源的消耗总量进行表达。对于大到 100万亿英热单位的能量，我们通常是无法想象的，但通过生态足迹的方法，就可以将资源消耗以更容易理解的方式展现出来。生态足迹等于维持生命所需与吸收废物的土地和水的总量。计算的对象可以是一个人，一个国家，甚至整个地球。自 80 年代中期以来，世界人口就已经超过了其生态足迹的负荷。换言之，人们消耗资源的速度已经超过了地球的更新速度。当看到水和空气受到污染，森林和草地慢慢萎缩，天然气和电力费用逐年攀升时，人们就认识到了生

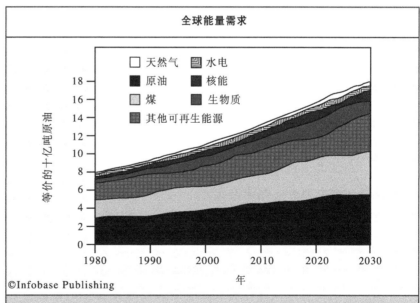

全球能量需求

图例：
□ 天然气　　▨ 水电
■ 原油　　　■ 核能
▨ 煤　　　　▨ 生物质
▨ 其他可再生能源

纵轴：等价的十亿吨原油
横轴：年（1980　1990　2000　2010　2020　2030）

©Infobase Publishing

自从工业革命以来，石油、天然气与煤为全球的能源消耗提供了来源。然而对于非化石燃料而言，核能仅占全球能量需求的 6%，生物能占 4%，水电占 3%。只有人类改变现有依赖化石燃料的现状，可再生能源才能有用武之地。

[①] 本书出现的"吨"均指短吨。1 吨 = 0.9027 公吨。

案例分析：2000~2001——西方能源危机

就在 2000 年温暖的夏天来临之时，美国西部正经历着一场突如其来的能源危机，能源价格突然上涨，停电、公用事业公司定量电力配给的突然增加都随之而来。电力公用事业公司依靠轮流停电（rolling blackouts）的方式才能维持电力供应，许多家庭都在摇摇欲坠的电力供应（rolling blackouts）中艰难度日。2000 年 7 月，美国联邦能源管制委员会（Federal Energy Regulatory Commission, FERC）发布消息，保证该委员会"责令其工作人员就散装电力市场进行调查，以确定市场能否有效运作，如果不能的话，则进一步明确问题的根源"。涉及买家和卖家的散装电力市场遍布全国各地。联邦能源监管委员会的声明揭露了美国能源供给严重缺乏的现实问题，并将对世界各国金融市场产生一定影响。

2000~2001 年西部能源危机的起因源于一场干旱，导致了水位下降，因而降低了水力发电（hydroelectric power）厂的电力生产量。加利福尼亚州的能源公用事业的电力储量逐步走低，因此这些公司向拥有额外储量的华盛顿和俄勒冈州购买了更多的电量。与此同时，控制着整个国家电力供应的国家电网（power grid）针对不同的电力价格提供了不同的额度。一场暴风雨般的危机愈演愈烈。依据法律，加利福尼亚州的电力公司不得收取超过预先设定价格的电费。而在其他州，控制电网的公司则可以按照其意愿随意收费。于是，加利福尼亚州的电力开支越来越大。

由于 1998 年电力行业放松管制，加利福尼亚州跟跟跄跄地进入能源危机，这意味着电力供应和分配运作于一个完全基于竞争的供求市场之上。虽然放宽管制的目标是为消费者降低整体的能源消费，但是 2000 年的电力短缺，导致了加利福尼亚州难以通过购买廉价电力而保持廉价的能源流动。而其他州的电力销售商也知道了他们可以利用加利福尼亚州遭遇问题的时机趁火打劫，并抬高价格，于是加利福尼亚州的公用事业公司不得不开始高价引进电力。这就造成了短期的电力资源价格——现货市场（spot markets）持续的波动，而加利福尼亚州的可利用能源则每日告急。

加利福尼亚州原本还有可能平淡的度过能源短缺，熬过当年的秋天，但其他州的公司控制了电力供给，进一步加重了加利福尼亚州的压力。如电力煤气公用（Reliant Energy）、达力智（Dynegy）及安然（Enron）公司等电力批发商开始非法操纵电力价格及其供给。许多电力批发商制造虚假数据，暗示他们同样存在电力短缺的问题，于是对外宣称无奈只能被迫提高价格。更令人难以置信的是，这些公司还制定计划将同一批电力反复销售，并进一步扭曲正常的供求格局。联邦能源管理委员会经过调查后，总结其调查结果并解释说："我们正在筹备一个特殊的项目   计划在没有任何电力输入的情况下，建造一个从俄勒冈州的约翰迪到内华达州的米德（大型能源集团）的电力环路，关键的是，这一环路会同时穿过拥挤（电力上）的加利福尼亚州。"安然和其他公司虽然可以出售电力，但他们却无法传递电力。到了2001年，北加利福尼亚州的太平洋天然气和电气公司申请破产保护；南加利福尼亚州的爱迪生公司也急需紧急帮助，以避免遭受同样的命运。

轮流停电的情况持续了当年的整个冬季，并继续迈入了2001年。联邦能源监管委员会的调查对整顿一个复杂而庞大的数十亿美元的电力买卖体系取得了一定的成效。到2001年年底，联邦能源监管委员会已经从操控加利福尼亚州能源高价买卖的经纪人处搜集到了大量的违规证据。进一步的调查也直接对数家能源批发公司进行查封整顿惩处，并对其管理人员给予入狱和罚款的惩罚。许多政府官员提出，联邦政府应接管国家的能源供应，但国家能源发展专责小组（National Energy Development Task Force）拒绝停止放松管制，因为他们认为，放松管制之下的市场经济更加强大。

而另一方面，与加利福尼亚州能源危机的根源相比，拥有巨大财富的经理们向法官求情的一幕，显然吸引了更多国人的视线。通过这场危机，证明了可靠稳定的能源供应的重要性，不仅要对居家用电供应进行限制，对整个国家范围内的电网也应采取正确的宏观控制。在这场危机中，作为受害者的加利福尼亚州也从中吸取了经验。它没有建立足够的发电厂，以适应人口的迅速增长；更没能预计到2000年冬季会异常寒冷，以及夏季的严重干旱会降低水库水位。水位降低导致水电站产量降低，而电力需求却进一步上涨，这场危机同时也导致了天然气价格的上升。

这场西部能源危机摧毁了各行各业的公司，大大减少了就业机会，并且卷走了数十亿美元的退休储蓄。这也证明了，能源已经通过错综复杂的方式介入一个地区和国家的政治经济。而所有未来能源的可持续使用也同时需要政府的支持和监督，以及良好的商业决策。

态足迹的增长所带来的影响。

社会消耗能源的类型从两个不同的方面对生态足迹产生着影响。一方面，有些资源的获取需破坏土地，在这个过程中制造了大量的危险废物。例如，煤炭开采公司有时移除整个山头，以获取底下蕴藏的煤矿；之后煤的燃烧，将废物排入大气，最终导致全球变暖（global warming）。而另一方面，通过减少损害和污染环境的资源的使用，并代之以可再生无污染的资源，人们可以减少生态足迹。在这一关键的历史时刻，我们每个人的目标应该是在保证一个满意的生活方式的前提下，尽可能多的减少自己的生态足迹。

对于国家而言亦是如此。国家应该尽量减少对化石燃料的依赖，鼓励化石燃料替代品的研发和污染清除措施的改进，同时开发新技术，加大对废弃材料的再利用。各国还必须克服来自政治、国际关系以及经济状况的障碍。上页工具栏"案例分析：2000~2001——西方能源危机"介绍了上述的这些因素是如何影响一个国家控制其生态足迹的能力。

可再生，还是不可再生

正是可再生资源对不可再生资源在概念上提出了颠覆性的挑战，成为了可持续发展的基石。虽然可再生资源可以随着时间的推移，通过大自然的进程而获得更新，但是我们也必须对其加以保护，以防止我们利用他们的速度超过了大自然的更新极限。而在另一方面，如石油或矿产等不可再生资源，则是在地球千百万年的历史长河中逐步形成的。我们的地球母亲同样也可以对不可再生资源加以更新补充，但这一周期相当漫长，通常都需要在百万年以上，才能把有机的（organic）物质转变为化石燃料。而人类究竟是否有机会来影响整个地球，并保护我们的自然财富呢？环境保护主义者认为，只要遵守3"R"法则——减少（reduce）、再利用（reuse）与回收（recycle），

全球各个国家在能源使用上风格迥异，这幅卫星图片为我们展现了全球能量消耗最大的一些城市。总的来说，那些生产更多物品并提供更多服务的国家也消耗着更多的能量。美国能源部已经与其他能源机构着手共同制定全球未来的能源计划，并预测在未来50年内，全球能源消耗量将会翻番。（NASA）

可再生与不可再生资源	
可再生资源	资源自我更新的方式
空气	地球的自我呼吸及动植物的呼吸作用
动物	繁殖
树木	繁殖与发芽
植被	繁殖与发芽
微生物	有性或无性繁殖
营养物质（碳、氮、磷、硫等）	动植物排泄物的降解及随后进入生物地球化学循环（biogeochemical cycle）过程
土壤	地球的沉积循环（sediment cycle）
阳光	太阳中心的活动
水	包括呼吸在内的生物反应
风	气候、潮汐及天气
不可再生资源	资源耗竭的途径
煤	为燃烧产能用途进行的挖掘开采
土地	用于人口扩张的开发
金属	为工业用途进行的开采
天然气	为燃烧产能用途进行的开发
非金属矿藏	为工业或其他商业用途进行的挖掘开采
石油	为燃烧产能或工业用途进行的挖掘开采
铀	核工业

每个人都确实能够对可持续发展的建立作出自己的贡献。正如下表所述，这些举措可以同时保护可再生和不可再生资源。

能源公司比较明智的做法，是避免让资源的利用速度超过地球对其更新的速度，也就是我们通常所说的"充电"（recharging）的过程。然而，由于世界人口的不断增长，可再生资源的更新补充也越来越困难。虽然造成人口呈这种爆炸性增长趋势的因素是方方面面的，但也许有两个历史上重要的发展过程在其中发挥了至关重要的作用，因为他们延长了人类的寿命。其一，275年前显微镜的发明大大加深了人们对微生物与疾病的认识与了解。其二，工业革命所带来的巨大便利大大减轻了许多行业人力劳动的需要。总之，生活已经变得不再像过去那么艰苦，而且医学和药物的发展大大降低了婴儿死亡率，并延长了人类的寿命。发达和发展中国家、地区的人口开始呈指数方式增长（exponential growth），这意味着人口数量在很短的时间里以不可思议的速度飞快增加。

而人口的指数增长则是导致人类生态足迹增加的最重要因素。最近的十年中，人类对资源的消耗速度已经超过了地球自我更新极限的21%。环境科学家通常使用支持人类活动所需的行星数量这一概念，对这一问题进行描述。就目前而言，人类需要1.21个地球才能支撑现有的资源消耗。

原　　油

原油，也被称作石油，是存在于地下岩层中的一种黏稠液体。石油工业将原油从地下开采出来，并经过再次提炼，最终转变为汽油等产品。原油中包含了一系列复杂的由连接有氢分子的碳链组成的有机化合物。除了碳氢化合物（hydrocarbon），提取的原油中还混有少量的硫化物、氧化物和氮化物等组分。原油提炼的基本原则，就是取出其中的杂质，也就是非碳氢化合物的组分。

通过对原油进行加热，以去除杂质的提炼方法，称作蒸馏。气体一类密度小、易挥发（容易气化）的物质首先从原油中分离出来，而最不易挥发的组分，如沥青等，则最难分离。炼油厂从原油中提炼如下组分，按挥发程度从大到小的顺序为：天然气、汽油、航空燃油、加热油、柴油、石脑油溶剂（naptha solvents）、油脂、润滑油、蜡及沥青。

炼油厂进一步对某些组分加以提炼，并收集一些特定化学物质，

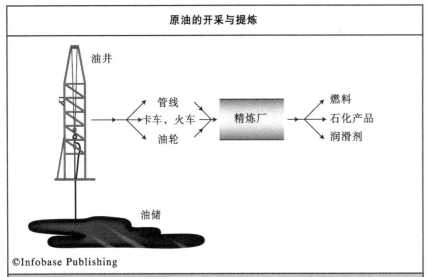

原油的开采与提炼

油井

管线
卡车，火车
油轮

精炼厂

燃料
石化产品
润滑剂

油储

©Infobase Publishing

原油的勘探、开采与提炼造就了一个价值数万亿美元的产业。全美国共有33家炼油厂，有超过65 000名员工。除此之外，众多的加油服务站还解决了100 000个的工作岗位。任何形式的新燃料也必须与石油工业相结合，以保护全球经济。许多科学家也正在开发炼油厂的新用途，或许是通过改进操作方式生产天然气或生物燃料。

即所谓的石油化学产品。不同行业都对特定的石油化学产品有所需求，而它们主要因所包含的碳氢化合物类型不同而异。目前，石油化工产品主要应用在如下材料的制造上：有机溶剂、农药、塑料、合成纤维、油漆以及一些药品。

目前，全球的原油储备总量依然可以满足未来几十年的需求。然而从某种程度而言，寻找和开采新油田的速度无法满足全球原油需求的增长速度。美国在1970年达到了关键的临界点，原油产量首次停止了增加的脚步，并开始呈下降趋势。于是，美国转向了沙特阿拉伯、墨西哥、加拿大、委内瑞拉、尼日利亚、伊拉克以及少数其他国家进口原油，以弥补差额。总体而言，美国的石油供应来源于下表中列出的地区。而其余来自于国内的原油资源，主要集中在墨西哥湾。在所有美国的石油产量中，墨西哥湾提供了超过其他地区两倍的资源。

2008 年美国原油储备资源		
地区	占全美总消耗比例	超过当地进口总量10%以上的地区
主要来源		
北美地区	33.56	加拿大（52）、墨西哥（38）、美国（7）
非洲	19.95	尼日利亚（42）、阿尔及利亚（24）、安哥拉（20）
中东地区	17.05	沙特阿拉伯（64）、伊拉克（24）、科威特（10）
南美	15.98	委内瑞拉（66）、厄瓜多尔（13）
欧洲	11.54	俄罗斯（24）、英国（18）、荷兰（13）、挪威（13）
其他来源		
亚洲	1.86	越南（2）、阿塞拜疆（1）、中国（1）
大洋洲（澳大利亚、新西兰、太平洋群岛）	0.06	澳大利亚（100）
资料来源：Jon Udell		

　　虽然专家们尝试过用各种方法来计算全球原油的剩余储量，但确切储量仍无法确定。2004年出版的《原油：石油的故事》（*Crude：The Story of Oil*）一书的作者索尼娅·沙阿（Sonia Shah）指出："油量储备的规模一般是由石油公司雇用的油藏工程师来计算的。"一旦石油公司获得了一处石油储备的精确含量，可能会因为如下三点原因而不愿意将相关的信息对社会公开：①保护其国家原油的进出口活动；②更好的控制油价；③保护国家安全。

　　对一处的石油储备进行估计，通常需要钻一口石油储备评价井，以了解地下实际的储备情况，并为地质学家提供研究所用的地下岩石样本。地质学家也可以通过获取的岩石成分对获取原油的可能性作出概率预测。沙阿写道："即使运用最敏感的统计测试与最先进的石油化学方法，实验室中的原油样本所能反应的地下原油构成的程度也是十分有限的。" 石油化学是一门研究从原油中获得的化合物特性的化学专门学科。她还引述英国伦敦皇家矿务学院的石油地理学家罗伯特·斯通利波（Robert Stoneley）的观点："除非将我们所拥有的石油都开采出来，否则我们对于储量的估计永远都是不确定的。" 而使情况更为复杂的是，石油公司随时间而更改他们的研究结果，因为他们使用更为先进的方法对石油储备进行计算，与此同时，国家也由于政治等原因会对相关真实数据持模棱两可的态度。

尽管关于石油储备仍有许多未知的领域，但科学家和普通人们对世界原油的以下特点达成了共识：

● 下列国家拥有全球最大规模的石油储备，从多到少依次为：沙特阿拉伯、加拿大、伊朗、伊拉克、阿拉伯联合酋长国、科威特、委内瑞拉、俄罗斯、利比亚和尼日利亚

● 美国是石油最大消耗国（几乎每天 2100 万桶，1 桶约合 159 升），约为第二大消费国的 3 倍

● 中国和日本是第二、第三大消耗国，每天分别超过了 700 万桶和 500 万桶

● 沙特阿拉伯拥有全球最大的石油储备，约 2620 亿桶；其次是加拿大，约 1800 亿桶

● 美国石油消费量的缺口越来越大，这也使得其对石油进口及替代燃料的依赖程度大大增加

在全世界，美国拥有数量最大、增长最快的消费差，计算方法如下：

石油消费 − 石油生产 = 消费差

中国的石油消费差紧随美国。自 1993 年以来，由于其原油储量无法满足自身需求，中国也已成为一个石油进口大国。尽管中国东部地区拥有十分广阔的油田资源，但其产量也从 1980 年以来持续下降。随着石油生产国逐渐认识到本国的石油储量越来越匮乏，替代燃料的需求变得越来越迫切。大力强调可替代与可再生能源主

要由于如下两个因素：①石油能源燃烧造成的大量污染，②石油储量不可避免地减少。

地球上存储的太阳能

地球上原油所储存的能量，最初来源于太阳。千百万年以来，地球上绚丽多彩的生命一代又一代茁壮的成长、死亡，直至腐烂分解。腐烂分解的有机物在海洋中逐渐聚集并迁移到深处形成沉积。地球的地幔对这些有机化合物施加巨大压力，并将碳氢化合物转变为液体——这就是现在人们赖以生存的石油。虽然人类无法复制地球形成原油的这一过程，但可以采取其他方式，尽其所能开发利用所有能量的终极来源——太阳能。

地球上的生命都是通过间接或直接的方式利用太阳能。数百万年来，世界上的的石油储量以复杂有机物的形式储存太阳能。人们使用精炼的石油产品发动汽车引擎，正是间接利用了太阳能。相比之下，利用从窗户直射而入的阳光给房屋供暖则是直接利用了太阳能。

能源是一切活动之源。散步、在键盘上打字、为房屋供暖，这些活动都需要能量才可以正常进行。社会的文明进步使我们学会了使用各种各样的方式利用地球储备的太阳能，即如下六种储备形式：

- 电子的定向流动而产生的电能
- 诸如发动机等产生的机械能
- 太阳产生的光能
- 热能
- 存在于联系物质的化学键之中的化学能
- 原子核内的核能

太阳光以电磁辐射的能量形式传送到地球上。电磁辐射以每秒186 000英里（30万千米每秒）的光速穿过宇宙空间；同时，与池塘中的波浪类似，电磁辐射也是一种波，同样具有波峰和波谷。对任何类型的波来说，波长是指相邻的波峰到波峰或者波谷到波谷的距离。而太阳光包含有不同的波长范围，并分别对应于一个特定的能量水平。例如，波长相对较长的无线电波携带的能量比波长短、高能量的 X 射线低。太阳辐射的波幅和波长范围被统称为电磁波谱（electromagnetic spectrum）。科学家往往称电磁波为射线，诸如宇宙射线。下表描述了太阳的电磁波谱。

太阳的电磁辐射来源于核聚变反应，大量的氢原子聚变，形成了氦并产生了巨大的能量。高达 99% 的氢原子结合成氦，而太阳系获得的仅有 1% 核聚变反应产生的能量。即使是太阳总能量中非常小的一部分，其能量也是非常巨大的。太阳每秒产生 386^{33} 尔格（erg）的能量，相当于 386×10^{18} 兆瓦（megawatt，WM）。而我们知道，2.2 磅（1 千克）TNT 炸药爆炸所释放的能量是 1 兆瓦。

太阳还向宇宙空间中释放出诸如伽玛射线等的能量。随着伽玛射线传送到地球，它以热量的形式释放能量。当太阳辐射到达地球

电磁波谱		
电磁波类型	近似波长范围	一般能量类型
宇宙射线	$<10^{-14}$	非常强
伽马射线	$10^{-14} \sim 10^{-12}$	强
X 射线	$10^{-12} \sim 10^{-8}$	强
远紫外线	$10^{-8} \sim 10^{-7}$	强
近紫外线	$10^{-7} \sim 10^{-6}$	较强
可见光	$10^{-6} \sim 10^{-5}$	中等
近红外线	10^{-5}	较弱
远红外线	$10^{-5} \sim 10^{-3}$	弱
微波	$10^{-3} \sim 10^{-2}$	弱
电视信号	$10^{-2} \sim 10^{-1}$	非常弱
无线电	1	非常弱

的时候，伽马射线已经转变为主要在可见光范围内的射线，即人们可以用肉眼看到的光线。而当阳光照射到地球表面的时候，光合生物——植物和一些微生物，捕获太阳的辐射能量，我们称之为太阳能。地球通过光合作用将太阳能存储在化学键之中。植物使用了这些能源中的一部分。而以植物或光合微生物为食的动物则间接地利用了这部分能量。当较大的动物捕食小动物时，捕食者就获得了一部分的太阳能。就这样，太阳能沿着一条食物链逐渐传递。动物将能量用于移动、呼吸、思考等维持他们生存的活动。在太阳能量从一种生物转移到另一种生物的每个步骤中，都会有一小部分能量以热量的形式流失。这种太阳能量逐渐丢失的现象遵循热力学第二定律，即无论何时能量从一种形式转变为另一种形式时，都伴随着一些能量的流失。

一个人、一株植物或微生物都不能直接以"光球"的形式转移太阳能，所以万物使用其他的"能量货币"从有机体中获取能量。碳元素则充当了这种"能量货币"。光合作用生成了含碳的化合物，即有机化合物，来储存能量。当动物进食植物或其他动物时，他们从有机化合物中获得所需的大部分能量。

碳　经　济

碳是地球上第六丰富的元素，但在地壳中的质量比例仅为0.09%。在自然界中，碳存在于所有活细胞中的蛋白质、脂肪、碳水化合物、核酸（DNA 和 RNA）和维生素中，而且是其主要的组成部分。事实上，地球上所有维持生命的化合物中，只有矿物质、水和氧气中不含碳。而地球上的化石燃料——煤、石油和天然气，也以碳为主要组成元素，因为他们原本就是由几百万年前的生物转变而来的。在地球的表面，森林、海洋以及化石燃料是主要的碳储存仓库。

　　人也和其他生命有机体一样，生存离不开碳。因此，碳已经成为了社会中宝贵的商品。然而，它也对环境带来了两大危害。第一，含碳物质如二氧化碳（CO_2）或甲烷（CH_4）气体是大气中温室气体的主要构成部分。在地球形成以来的漫长历史进程中，温室气体帮助整个星球保存了太阳带来的热能，并使其成为一片温暖的适宜生命繁衍生息的乐土。然而，从 20 世纪初开始，大气中的温室气体含量逐年升高，并造成全球平均气温的上升。第二，燃烧矿物燃料产生的含碳化合物和大气中的其他元素结合，形成了酸雨。而酸雨对植被、树木，以及正常的海洋化学条件造成了十分严重的危害。因此对于人类而言，地球上的碳资源是一把双刃剑：人类需要利用这一资源，但必须对碳化合物进行合理地管理，以避免对地球产生危害。

　　碳经济（carbon economics）就是持续对碳资源进行全面追踪的一种表示方式，既包括碳的有益形式，如能量存储材料，也包括了有害形式，如温室气体。碳经济由碳单位的购买与出售组成，也称为碳补偿，与纽约证券交易所挂牌交易的股票类似，只不过所有的交易都是在世界贸易市场这个大舞台上进行。从 2003 年开始，北美地区的各家企业就在芝加哥气候交易所进行碳单位的交易。美国芝加哥大学的经济学家罗纳德·科斯（Ronald Coase）在 20 世纪 60 年代提出了"碳贸易单位"的概念。科斯发表的期刊文章《社会成本问题》考察了在环境背景下的商业行为与社会福利的关系："标准的例子是，一个工厂产生的烟雾对周边居民造成了有害的影响。"而移动或关闭工厂则减少了社会上的就业机会。社会可能因此决定，同意为维持百姓生计而忍受浓烟带来的危害。他写道："我们正在面临的是一个自然的互惠问题。"换言之，人们有时会选择采取互利互惠的行动。这意味着，有时如果一种行为的收益远远大于损失，他们也可能会义无反顾地选择这种不利的行为。

　　而碳经济解决的正是这方面问题在全球碳资源领域中的应用，

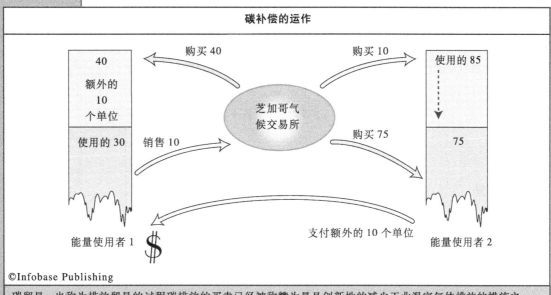

碳补偿的运作

©Infobase Publishing

碳贸易，也称为排放贸易的过程碳排放的买卖已经被称赞为最具创新性的减少工业温室气体排放的措施之一。芝加哥气候交易所是美国最主要的碳贸易交易所，除此之外，欧洲（拥有全球最大的碳贸易）、加拿大、澳大利亚、中国和日本都在筹备开放新的碳交易所。然而，气候专家们尚未发现明确证据，表明碳贸易对全球变暖有所影响。

试图获得更大的收益，同时还要尽可能减少碳带来的不良影响。下表介绍了碳经济的主要应用领域。

虽然碳贸易在碳经济中扮演了一个核心角色，但很多人质疑这一行为是否会真正导致了污染以及全球变暖等严重问题。一个排放量低于限制标准的公司或个人，可以向超标排放的公司或个人出售额外的碳单位。对碳贸易持批评态度的学者认为，该计划意味着只要环境污染者愿意付出额外的费用，就可以继续污染环境。而通过碳贸易，那些低于排放标准的企业则可以通过出售结余的碳单位获得额外的收入。碳贸易还给了污染者更多额外的时间，来满足越来越严格的排放标准。

《京都议定书》（*Kyoto Protocol*）这一国际性的条约也认为碳贸易对环境有益。芝加哥气候交易所认为："采取灵活的、以市场为基础的调控政策，以减少温室气体的排放，已经形成了广泛的思

碳经济	
碳交易	**描述**
二氧化碳等价物（CO_2e）	用来衡量某种气体相对于二氧化碳所具备的产生温室效应的潜能
信用额度	某公司因采取某种方式减少温室气体排放而获得的可以出售的 CO_2e 量
市场	出售和购买碳信用额度的场所
碳贸易	公司向污染者（也称为碳补偿者）出售 CO_2e 所依赖的准则
碳补偿	污染者可以购买的用来补偿自己额外排放量的一单位 CO_2e（常和碳信用额度交互使用）
国内可交易配额	买卖 CO_2e 来合理利用化石燃料并减少温室气体排放的全过程
税	根据超出标准排放量的多少而对污染者征收的税
直接支付	根据低于标准排放量的多少，政府部门向低于标准排放量的公司所进行的支付
限度和贸易	一个规定公司排放量限度的系统，如果超出这一限度，该公司就必须从碳贸易市场购买碳补偿
规定量单位	以 1 吨（0.91 公吨）CO_2e 为形式的可交易二氧化碳单位

想和政治共识。《京都议定书》通过制订若干减排贸易的机制，很好地体现了这一广泛共识。"虽然芝加哥气候交易所已表示，碳贸易"有着很好的商业前景和环境意义"，但其他人提出了不同的意见。2007 年，碳市场分析师维罗尼卡·比尼翁（Veronique Bugnion）在《旧金山纪事报》（*San Francisco Chronicle*）中写道："他们（碳市场）到底真正减少了多少温室气体的排放？对于减少，并没有多少切实的证据。"也许现在就认为碳贸易可以降低全球变暖的速度为时尚早，但世界银行预测，碳贸易很快将会成为全球最大的商品市场。从 2005~2006 年，全球碳市场中碳的交易量翻了一倍以上。这一数额在 2007 年和 2008 年分别同比增长 63% 和 83%。仅就 2008 年一年而言，就有 54.0 亿吨（4.9 亿公吨）的碳易手。

我们的可再生能源

　　经过从化石燃料燃烧到利用可再生能源这一产能方式的转变，我们降低了以二氧化碳形式释放到大气的碳的总量。下表列出了六种主要类型的可再生能源，均已在工业化地区投入使用。如表中所示，可再生能源技术既包括现代能源技术进步的产物，也包括世界上一些地区沿用了千百年的古老技术。太阳能、水能、风能，加上有机废弃物的燃烧共占据了美国能源消耗的7%，而在全世界则占据了20%之多。而剩下的部分则全部归于化石燃料和核能。

　　在可再生能源的主要类型中，只有燃烧植物会把二氧化碳排放到大气中。从环境的角度而言，只有当燃烧植物获能的速度还没有

可再生能源的形式			
能量来源	占可再生能源的比例 /%	描述	产品
生物能	53	燃烧植物和动物的废弃物所产生的能量	热能和气体
水能	36	水从大坝高处落到低处产生的能量	电能
风能	5	涡轮机捕获到的风的能量	电能
地热能	5	地壳中热水和蒸汽产生的能量	热能和电能
太阳能	1	从太阳吸收和储存的能量	热能和电能
新技术			
氢燃料		燃烧氢气	动能
纳米技术		利用某些材料在分子或原子水平所特有的性质	电能
传统技术			
水能		水轮，大坝，重量	能量，运动
风能		风车，帆	能量，运动
动能		动物和人的运动	能量，运动

超过新植物的生长速度时，燃烧植物才是一个有益的选择。换句话说，植物吸收的二氧化碳必须要比它们燃烧所排放的多才能对环境有益。

许多可再生能源无法被直接使用，而必须通过设备将其转化为另一种形式。例如，风力所蕴含的能量，只有通过一个涡轮机（turbine），才可以带动发电机产生电能。如风力或水流之类，在运动中可以产生能量，我们把这种能量叫做动能（kinetic energy）。有时，动能可以被转化为另一种形式的能量来加以利用，如之前提起的风力涡轮。与此同时，我们也可以直接利用动能，农田上牛拉着犁就是一个很好的例子。

智能能源网

能源网或电网由一个大型的分配网络组成，可以将电力或天然气等从生产地传输到使用地。美国有一个巨大的电力网络，但也有如美国西南部各州小规模的区域电网向客户提供电力。美国的天然气网则由数千千米的地下管道构成，为相邻的48个州提供天然气。

传统的能源网已有许多年的使用历史，采用单向方式分配传输能源。电力从大型发电厂产出，进入高压电力线路，输送到千千万万小型的、地方的电力事业单位。大多的水电站和火电站（coal-fired power）都是通过这种形式的电网提供电力的。最终的消费者——家庭或企业，从电网上直接获取电力并按照实际使用量支付相应费用。这样的系统给消费者带来巨大便利的同时，也造成了严重的浪费。即使客户为他们使用的电量支付了费用，但当人们在不使用电器但却没有关闭或拔掉电源的时候，也有大量的能源被浪费了。而在电网的另一端，尽管火电站安装了诸如过滤装置（scrubbers）等尽可能降低能耗的设施，但是依然会产生令人瞠目结舌的能耗。而水电站也面临着问题，其排放的高温处理工艺水（process water）

严重影响了河岸生态系统（riparian ecosystems）。

　　智能能源网则通过两种方式改善常规能源分配。首先，智能电网最大限度地提高了替代能源的使用率，在不排放热工艺水和燃烧煤炭造成环境损害的前提下进行供电。通过智能电网的使用，大型发电厂及数千英里长的电力线路都可以成为历史的纪念品。其次，智能能源网可以允许双向电力流动的方式，大大减小能耗。这些电网能够更加方便消费者，使他们只为自己真正使用的电量支付费用。

　　智能能源网由两个主要部分组成：一个发电厂与一个不断监控电力使用情况的电脑系统。可再生资源很可能是未来智能电网的主要原料（feedstock）。该电脑监控系统持续的对最高用电的时段和地点加以标记，并随时从低功率地区向高功率地区进行电力的调配。发达的智能电网在不久的将来还可以与智能家电连接，这种智能家电同样也可以感知高峰用电时间。这些设备还可以向智能电网发送各种信息，以表明其用电需求的多少。这种消费者和能源网双向沟

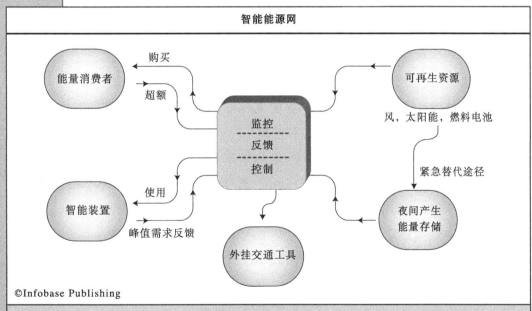

智能能源网

©Infobase Publishing

智能电网通常包括如下部分：监控用电高峰及低谷的反馈系统，将额外能量用于临时需求的转换系统，风能或太阳能储存系统，防止系统崩溃的紧急备用系统，以及新技术的可扩展系统，如电力汽车等。

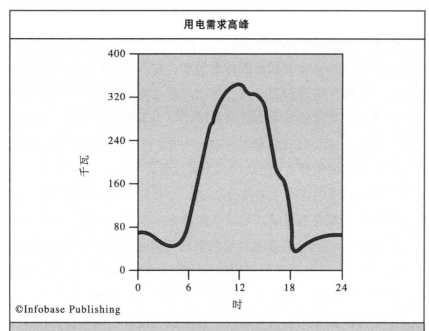

用电需求高峰

©Infobase Publishing

工程师根据用户用电高峰时段而设计出智能能源网。在美国，大多数用电高峰需求形势如图所示。用电在中午达到高峰，而在夜间降到低谷。更深入的研究表明不同的活动拥有不同的用电需求形势，如三班制轮换的工厂就不同于小办公楼的用电需求形势。

通的方式，我们称之为反馈（feedback），其对更加负责地进行电力调配至关重要。在大量或突发用电的时候，如同时使用电脑、厨房用具以及保温、降温系统的晚上，智能电网可以通过对交错使用方式的分析，来降低整个系统的压力和能耗。

2008 年，"全球可再生能源"网站的作家娄·施瓦茨（Lou Schwartz）与瑞安·侯多姆（Ryan Hodum）解释说："在美国尽管输电网 99.97% 的情况下是可靠的，但由于短暂电力中断而造成的经济损失每年达近 1000 亿美元；除了增强可靠性通过使用智能电网，将大大提高电力的分配和使用效率，同时还能降低能耗，节约能源。"中国目前正计划引入智能电网改造其原有的电力供给系统，欧洲和澳大利亚也对这一智能系统进行了投资。

替代能源的社会效应

房主和企业往往以新的替代能源花费较高为理由，坚持使用发电厂提供的传统能源。太阳能的确价格不菲，甚至在某些情况下，累计数十年后节省下来的少量电费也不足以支付一套太阳能系统的购买和安装价格。正是由于这个原因，许多人把如太阳能等新兴的替代能源看作是一种奢侈品。

在世界上的贫困地区，有成千上万的人正在忍受饥饿的煎熬，他们根本无暇顾及能源供给是否有效。但是，在发展中地区，资源的可持续利用有助于科学使用当地现有资源，减少污染对健康的危害，并创造就业机会。但从没有人证明过，可持续能源可以帮助减轻贫困。然而，可持续的行动确实使人们更加关注赖以生存的环境，并对潜在危害提高警惕。发展中地区没必要废除工业化带来的社会进步，如随处可见的用电设施、大型的高能耗建筑和需要高价维护的奢侈用品（如游泳池、跑车、视频游戏机等）。因此，发达国家和国际组织更应该帮助世界各地的发展中国家从一开始就走上可持续发展的道路。

那些过去历经世世代代贫穷、今天正大踏步朝着工业化飞速发展的国家，已经从能源富足逐渐过渡到高耗能的时代。国际能源机构预计，2030 年左右，中国和印度将占据世界上超过一半的能源需求。两个国家无一例外，都以石油和煤炭作为能源，而他们的发电厂产生了巨大的污染。如果这些国家的工业革命建立在可持续燃料的基础上，而不是滥用不可再生的、污染巨大的化石燃料，他们的环境一定会更好。

一些已经逐步建立起强大工业化经济的国家，如中国、印度、韩国与中东地区等，其现有的常规能源已经发展到一定程度，而新技术仍明显滞后。当一个大国或小团体决定它将使用何种类型的能源之时，不应仅仅简单规划一下发电厂和电缆的蓝图而已。这一重要决定的作出，应以每个地区的经济状况、资源特点以及领导与公民共同做出正确能源抉择的意愿和能力等条件为基础。美国联邦政府制定了一些机构对能源法案进行监督，对新技术作出评估，并指导民众如何做出能源保护的合理选择。后面的工具栏"美国众议院能源和环境小组委员会"讨论的正是这一类机构组织。

全球社区能源项目

自 1986 年以来，全球能源网络研究所一直致力于设计一个全球性的能源分配系统。作为圣迭戈学院计划的一部分，这个新的网络将主要对来自可再生能源的能量进行分配。科学家巴克明斯特·富勒（Buckminster Fuller）展示了他对于全球能源网的设想："通过对全球各地各个时间段的电器能源进行整合利用，可以涵盖任何极端的用电高峰或低谷，从而瞬间达到将世界电力产能翻倍的效果。"这样，全球范围内的网络，可以将世界各地能源转移到最需要地方。然而，富勒这个意义深远的计划不仅需要大量人力、物力与时间上的投资，同时还需要各国的合作。无疑，这一全球能源网在通往成功的道路上将会面对巨大的障碍。

创建这样一个全球性的能源网络，需要领导者将研究能源的专家学者聚集起来，携手共同合作。如国际能源机构，有来自 20 个工业化国家的代表，就当前的能源热点问题展开工作。每年，国际能源机构就世界范围内的能源使用、生产及过度消费地区等问题的资料提供更新，并为未来的能源管理提出新的理念。下列五条是国际能源机构对全球能源的一些最新看法：

- 目前所有的能源发展趋势是不可持续的
- 石油将仍然很可能保持带头资源的位置
- 油田已经逐步衰减，所以需要开发尚未发现的新油田以维持

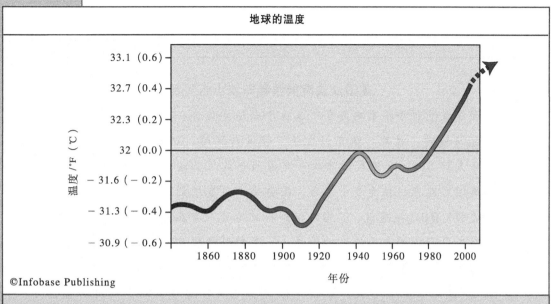

地球温度的升高已经不能仅仅用自然循环过程来解释了。人口增长造成的人类活动的增加导致了全球平均温度的上升。大量全球温度数据来自于以下方法：气象站数据，卫星云图测量，海洋和气候数据，两极冰盖渗透性和溶解速度

目前的消费需求

● 各国必须通力合作，将全球平均气温上升水平控制在 3.6°F（2℃）之内

● 阻止目前的全球气温上升现象，需要降低工业化和非工业化地区的排放量

由于全球各地拥有不同的经济和习俗，所以建立一个全球性的能源项目困难重重。例如，一个能够正常供应蒙古国的标准能源网却无法满足纽约一个市的需求。2008 年，国际能源机构的负责人田中申男（Nobuo Tanaka）在新闻中表示："我们不能让金融危机（2008 年）延缓这一系列迫切行动的脚步，必须尽快确保能源供应安全，并减少温室气体的排放量。通过提高能源效率，改善低碳能源的部署，我们将迎来一个全球范围内的能源革命。"他所说的"低碳能源"，指的是太阳能、风能、水力和核能等用来代替化

美国众议院能源和环境小组委员会

　　美国众议院科学技术委员会下属五个小组委员会：空间与航空，科技与创新，研究与科学、教育，调查与监管，能源与环境。1958 年，为了应对苏联在前一年发射 Sputnik 号航天飞机，美国国会成立了该科学技术委员会。由于意识到美国可能在科技竞争中落后，国会要求更多的创新科技项目。在该委员会成立之初，BBC 报道说："当意识到与政治敌人存在科技上的差距的时候，美国就有必要来回顾自己的应对措施。"新的科技项目不仅仅限于空间技术，还包括物理、武器和环境研究。

　　在 20 世纪六七十年代，公众开始更多地关注环境问题。全球都发生了如大气和水污染，危险的废弃物，环境灾难以及物种和其栖息地的减少等环境问题。在文学方面，生态学家蕾切尔·卡逊（Rachel Carson）1962 年在她的书《寂静的春天》中提醒读者注意杀虫剂的危害；而哈里·哈里森（Harry Harrison）1966 年的科幻小说《退让！退让！》（*Make Room! Make Room!*）为 1973 年的电影《超世纪谋杀案》（*Soylent Green*）提供了剧情线索，也让温室效应（greenhouse effect）这一名词为大家所熟悉。人们开始真正关注气体泄漏，化学物质倾倒处的泄露及排入海洋的废物等环境问题。于是能源和环境小组委员会开始征求补救这些环境损害的新举措。

　　在 20 世纪 80 年代，联邦政府面对着大量有关废弃物处理、环境灾难、污染控制、环境健康和新能源的问题。1994 年总统大选后，美国众议院将科学

石燃料和木材的能源。经过深思熟虑，国际能源机构和其他国际组织投入了相当大的精力，来平衡能源消耗最小化、制止环境恶化以及解决诸如贫困等社会问题。附录 C 中列出了一些提出积极能源政策方案和可持续发展计划的主要国际组织的名称。

技术委员会分成四个小组委员会，分别管理不同方面的事务。达纳·罗拉巴克（Dana Rohrabacher）成了新的能源和环境小组委员会的主席，而现在的主席是来自华盛顿的布赖恩·布尔德（Brian Baird）。该委员会的职责依然是评估能源的新用途，并听取专家针对化石燃料造成环境污染和全球气候变暖等问题的意见。

该委员会的管辖范围已经拓展到如下几个主要方面：

● 能源研究、实验及其他科学活动部门

● 可更新能源技术

● 核能材料、废物及安全

● 化石燃料及输送管道研究

● 替代能源

● 能源保护

● 国家海洋与气候管理处对天气、气候及海洋情况的相关活动

该委员会鼓励学术和政府研究者尽快地参与到上述问题的研究中来。这些课题的研究迫在眉睫，已经不再是针对未来了。尽管政府被指责在危机出现之时反应不够及时，环境学家们仍指出，气候变化和自然资源耗竭才是真正的危机。如能源和环境委员会这类组织可以帮助美国政府在可持续利用能源和自然资源的过程中做出正确的决定。

小　结

自从开天辟地，地球的能源已经足够维持人类的生息繁衍。当今时代，人类赖以生存的能源物质主要还是化石燃料——石油、天

然气、煤炭，正是它们保证了工业化和非工业化国家的正常运转。这样的情况延续了世世代代，直到 20 世纪七八十年代，科学家们才就人类对能源贪得无厌的需求敲响了警钟。一些学者通过计算得知，人类社会已经处于即将耗尽全球石油总量一半的边缘。虽然天然气和煤炭储备似乎依然丰富，但任何人都无法否认，这些资源也终将迎来耗竭的一天。

可持续发展的概念不仅指能源，还包括所有的资源，如土地、干净的水、清新的空气，还有庞大的物种多样性。未来能源的可持续发展技术，将着力解决延缓人类耗竭化石燃料资源这一问题。而为了达到这一目的，必须做好两件事。第一，新的可再生能源技术，必须完全取代目前化石燃料而成为主力资源。第二，人类必须做出严肃认真的努力，以保护所有不可再生和可再生能源。

显然，对能源的混乱管理，是浪费现象产生的根源。而人类本身的贪婪和过度的索取，也导致了过度消费的产生。能源的过度利用也与人口的快速增长不无关系。即便我们每一个个体都遵循保护能源的生活方式和态度，但人口自身的增长就已经让地球家园难堪重负。我们使用生态足迹的概念，界定了这种现状，并表明了世界再也不能像往常一样处理燃料和电力消耗的问题。

政府领导人建议，对能源负债的解决办法是寻找地球上所蕴藏的更多的化石燃料。但是环境保护主义者反驳说，这种探索没有从根本上解决能源问题，而实际上将会燃烧更多的化石燃料而导致更多的污染。与依赖化石燃料相比，来自太阳、水和风所提供的可再生资源为我们提供了一个更具有可持续发展的未来。虽然可再生能源面临许多需要克服的困难与障碍，但似乎没有任何一项是超出人类能力之外的。也许当不可再生燃料的使用随着历史的车轮慢慢消退时，我们的下一代会更清醒地认识到，可再生能源的时代已经到来。

然而，条条大路通罗马，可再生能源通往成功的道路也绝非仅有一条。与此前出现的电信业和电脑业类似，通过能源技术的进步来满足我们的需求，其方式往往也是殊途同归的。依赖于可再生能源的社区将采用一种将太阳能、风能、水电甚至核能相结合的新型能源利用方式。这一点与一些国家目前正采用的使用煤、天然气及石油的方式有所不同。可再生能源，这一新兴的、蓬勃发展的产业将摆脱多方能源问题的羁绊，并最终满足人类的需要。但是，即使成功地实现了这一点，大家仍应记得，可持续性（sustainability）也并不是一劳永逸的。虽然，今天我们在可再生能源领域的创新延长了可持续性，但是，百年之后，我们仍需要今天无法想象的、更大的创新来继续可持续发展之路。

回收再利用

　　废物的循环再利用代表着可持续发展的理念。这一工作的开展，既可以通过一个普通平民，也可以通过一个大规模的工厂。回收再利用符合可持续发展的如下两个理念。首先，通过对工厂使用的原材料进行回收再利用，可以节约自然资源。这减少了工厂对新的自然资源的环境需求。其次，回收再利用减少了积累在地球上的废弃物数量。把垃圾放进不同的废物回收箱，这一最最简单的举动有助于提醒人们，自己产生了多少废弃物，也会让他们思考如何减少废弃物。

　　在美国大多数社区都有回收项目，家庭、企业和学校都会参与其中。然而，一些回收再利用的批评者指出，过于雄心勃勃的回收项目，即使是精心安排的，对环境也并不能起到太大帮助。这些批评者认为，循环再利用本身所需的能源，远远多于直接从自然资源中获取最终产品。1996年，《纽约时报》的作家约翰·切瑞尼（John Triereny）在他的文章《回收再利用是垃圾》中对这一问题展开了辩论。他认为，虽然存在相反的证据，但垃圾填埋的空间仍十分充裕，并且与回收再利用相比，垃圾填埋更为明智。他写道："如今在美国，回收可能是最浪费的一项工程，耗费了巨大的时间、金钱、人力、物力。"如果说在1996年，他的观点似乎是合乎情理的，但在今天，随着回收再利用技术的不断进步，回收再利用在可持续发展的大潮中，扮演着一个越来越重要的角色。

国家回收联盟（National Recycling Coalition，NRC）用数据对其观点加以反驳，展示了回收再利用技术是如何在节省能源方面，比使用新的原料更胜一筹的。下面列出了回收再利用材料相比于重新生产所节省的能源：

- 铝，95%
- 塑料，70%
- 钢，60%
- 报纸，40%
- 玻璃，40%

NRC根据其对于工业的重要程度，建议所有社区把精力集中放在以下10个项目的回收再利用上，从而尽可能地节省能源与资源：铝、聚对苯二甲酸乙二醇酯（PET）塑料瓶、报纸、瓦楞纸板、易拉罐、高密度聚乙烯（HDPE）塑料瓶、玻璃容器、杂志、卫生纸与电脑。下表的数据显示，虽然回收项目正在增加，但是美国在提高回收再利用方面，仍然有继续发展的空间。

然而，回收并不能解决所有的环境问题。除此之外，为了实现

美国可回收资源的回收		
材料	每百万吨（百万公吨）重量	回收利用比率
纸	86（78）	50
塑料	29（26）	11
玻璃	15（13.6）	100
钢材	14（12.7）	48
铝	4（3.6）	30
资料来源：Greenstar North America		

可持续发展，人们必须付出更多的努力来保护自然资源。但是，即便无法解决所有的问题，回收再利用在减轻污染、减少垃圾和防止自然资源枯竭等方面起到了巨大的作用。回收再利用技术也在不断的发展，随着回收工业在降低成本和简化工序等方面的突破，企业家也发明了垃圾再利用的新途径。

本章回顾了美国回收再利用工程的发展历史，并深入介绍科技在提高能源节约方面的诸多手段。本章讨论了如金属和橡胶等特定的几个回收行业的情况。还介绍了将废弃材料变成可利用材料时运用到的化学原理。此外，本章还将介绍第二次世界大战期间进行的历史上最大的回收再利用工程。管理良好的回收工程已经为可持续发展作出了贡献，并将继续发挥其巨大的功效。

回收再利用的"草根历史"

回收再利用一直是几千年来文明的一部分。早在公元前 1030 年，日本就使用了一个收集废纸的有机体系，目的是将其变废为宝，成为再生纸。到了中世纪，一些小型的回收或废物管理体系逐步产生。回收再利用也成为了企业有利可图的一项措施。1690 年，费城附近的里滕豪斯·米尔（Rittenhouse Mill）把用过的棉花或亚麻布制成了崭新的纸张。英格兰和新的殖民地紧接着建立了多样化的回收业务，对金属、纸张和布匹加以再利用。在 19 世纪中期的美国，商贩走街串巷，以低廉的价格从各个家庭回收丢弃废物，然后小贩们把这些东西转手卖给工匠。到了 19 世纪末，一些城镇设立了类似于现在的路边回收工程，首个路边回收工程于 1875 年始于巴尔的摩。

进入 20 世纪初期，回收商在大城市开设企业，将铝罐、绳索、橡胶、麻布袋子等进行废物再利用。纽约等城市建立了有组织的回收项目，芝加哥派遣囚犯对垃圾进行分类。两次世界大战提高了收集尽可能多的可回收材料的必要性。为了达到这个目的，联邦政府在第一次世界大战期间设立了垃圾回收服务，进一步推进回收再利用。在第二次世界大战中，战时生产局救助处的成立成为了至今最具影响力的回收工程之一。

然而，第二次世界大战结束之后，一系列方便产品的出现，导致了废物直接丢弃量的增加，降低了再利用的可能性。到 20 世纪 60 年代，危险废物对土地和水都造成了严重的健康威胁。公众和美国国会开始把废弃物看作一项严重的国家问题，而且国会于 1965 年通过了《固体废弃物处置法案》（Solid Waste Disposal Act），以协助地方政府建立废弃物的处理方案。在众多行业之中，铝工业走在了时代的前端，率先建设了回收和再加工饮料罐的大型项目。渐渐地，城镇争相开始建设集中回收中心，回收铝和纸张。废物回收风靡一时，美国在 20 年内就成立了一万个这样的回收中心。

1970 年 4 月 22 日的第一个世界地球日，标志着公众和环境之间关系的转变。社区、家庭和学生成为环保的主体。浪费、污染、栖息地丧失，以及生物多样性等话题，逐渐成为了大学教授与公众之间的热门话题。一种全新的环境保护模式——草根（grassroots）环保进入到人们的视线之中。社区和学校回收项目负责人将向每个愿意倾听的人进行呼吁，如果每个人为了同样的目的团结起来，那么一切都将焕然一新。

1989 年，美国亚利桑那大学的考古学家威廉·拉什杰（William Rathje）带领他的学生进行了一项工作，他们称其为"垃圾箱项目"。研究小组着手调查垃圾填埋区，以期了解美国人究竟是如何产生和丢弃废物的。拉什杰通过收集到的物品向我们展示了这样一幅画面："虽然对快餐盒与一次性尿布加以特别关注，但是最终的调查数据表明，这两样东西只占垃圾填埋区总量的不足 2%　而占据了垃圾箱项目挖掘出来的接近一半的'战利品'，是报纸、杂志、包装纸，以及如计算机打印纸和电话簿这样的非包装纸。"他还发现，垃圾中建筑废物占据了巨大的数量，又增加了本该回收却随意丢弃的资源数量。

对于某一特定方面的回收再利用，美国公众有着比其他人更大的热情。举例而言，1995年美国人已回收了超过475亿个铝制容器，而他们在回收纸张方面却非常不够（依据垃圾箱项目所知）。与此同时，一些社区在回收再利用方面比别的社区表现了更加认真的态度。加州的许多城镇对"草根环保"项目有着巨大的热情——州政府还因此发布了公告，并对其中许多地方性措施进行投资。在全国范围内，一个名为"草根回收网络"的环境保护组织为那些想要开展自己的回收项目的社区提供了资源。到了今天，回收倡导工作向着零废弃物（zero waste）的方向发展，也就是说，几乎百分之百的废弃物可以再利用。波特兰、俄勒冈州的"零废物联盟"解释说，零废物战略考虑到了产品的整个生命周期　有了这样的认识，可以通过全生命周期概念下的设计，将浪费完全消灭。然而事实上，我们应努力设计我们可能产生的废弃物，使其有更好的应用前景。除非社会真正成功实现了零废物排放，否则回收再利用服务就会一直在自然资源领域起着重要的作用。

回收是如何节约能源的？

以节约自然资源并节约能源为目的的回收有两种类型。初级回收（primary recycling），也称闭环回收，是把可回收的材料转化成同类型的新产品。例如，把用过的铝饮料罐做成新的饮料罐。而次级回收（secondary recycling），也被称为降级回收，则是将回收材料制成新的不同用途的产品。例如，用过的塑料牛奶瓶可以做成新的甲板和户外家具。不管是哪种类型的回收，如果回收再利用的成本超过了用新原料制造产品的成本，回收就不会成功。即使这个差距再小，回收也能够对一个社区的总体财政有所帮助，因为这减少了那些必须经过焚烧、填埋或其他方式处理的垃圾所需要的费用。

工厂正在力争使用可以比用原材料制造新产品耗费更少能源的回收方法。一些名为"物料回收中心"的机构也通过为客户和制造商做一些类似的工作降低其成本。一旦居民或职业搬运工把装满可回收材料的容器运到回收中心，回收中心将按以下步骤进行操作：

● 分类——将可回收材料从不可回收材料中分出，将有害材料从无害材料中检出

● 分离——各类纸张、塑料、玻璃、金属等，如从绿色玻璃瓶中分离出棕色玻璃

● 处理——把不可回收材料运送至最终处理地，如焚化或填埋

● 回收——把材料运送至以它们为原料的企业，如把钢材送到汽车制造厂

回收的首要步骤是将可以回收的废物进行分离和分类。分类是回收中的一个重要环节，因为废物中混有少量的污染，如铝中混有塑料，将会降低回收效率，提高回收成本。图中俄勒冈一家回收工厂的工人们正在对纸类废物和非纸类废物进行分类。
（OregonLive.com）

上述的步骤往往比用新原料制造产品花费更少的能源。对于许多可回收材料来说,分类、加工和运输将比用原材料制造新产品花费更少的能源,因为后者往往需要如下的步骤:勘探、提取、运输、处理、废物处理。铝回收可能是这一结论的最好诠释。一个再生铝罐只需利用制造同样一个全新铝罐所花费能量的5%。成立于加利福尼亚的"阻止全球变暖"组织指出,与原生铝相比,使用1吨(0.9公吨)再生铝,节省的能源将足够一个美国家庭使用15个月。回收主义者们希望能在玻璃、造纸和塑料等领域也收获同样的效果。

对于某些材料而言,回收资产负债表并不总是像铝的一样漂亮,主要由于两个原因。其一,有些材料的回收成本比新材料更高。其二,有时回收再利用自身的速度根本无法跟上废物被送到回收中心的速度。当回收再利用无法跟上废物产生的速度,物品就会堆积起来。2006年,纽约扬克斯的一个回收中心经理吉姆·霍根(Jim Hogan)接受《下哈得孙河谷期刊新闻》(*Lower Hudson Valley Journal News*)采访时说:"无论我们从废物流中拿出的是什么,我们都将有所收获。破碎玻璃一年(耗费我们)超过了10万美元。其中大多数都做了填埋处理   "因此,在回收世界的废弃物中节省能源的潜力,与回收的花费与所得有着直接的关系。

只有满足以下两个条件,回收才能节约能源和金钱。第一,必须有足够多的材料进入回收再造过程,以满足双方的能源和成本效益。和小规模工程相比,大规模生产通常具有更低的平均每单位能源和金钱成本。这种现象被称为规模经济(economy of scale),公司利用一条生产线,将大量原料制造成产品,从中获得规模效益。例如,一个每年制造成千上万只手表的公司制造一只手表的成本会远远低于一个小商店里的钟表匠制作的成本。第二,再生产品必须要有市场需求。只有高需求的产品才能使得回收商或制造商通过规模经济获得收益。从而,消费者可以使回收链进入良性循环状态。

为使回收更有价值而产生的高效率要求,引起一些人对路边回收计划的批评。1996 年,《纽约时报》专栏作家约翰·蒂尔尼(John Tierney)说:"因为相信垃圾填埋区已经没有更多的空间了,美国人才认为回收是他们唯一的选择   在特定的时间、地点,对特定的人而言,回收一些材料的确是很有意义的。然而,最简单最便宜的选择往往是在一个环保、安全的地方将垃圾进行填埋处理。"正如前面介绍的那样,蒂尔尼的结论仅当垃圾填埋空间充足才成立。实际上,大多数州的垃圾填埋空间已经严重缩水;废物管理人员计算得出所剩不多的空间也将在 20 年内被用尽。

除了蒂尔尼之外,其他人也表达了对于回收的不同意见。2008 年,《在密尔沃基》(*On Milwaukee*)杂志的编辑杜·奥斯勒(Drew Olson)解释说:"反回收者声称,从路边回收中所得的收益随着对卡车的需求而减少,因为这些卡车消耗了更多的天然气,并制造了更多的大气污染。"他们认为在媒体的帮助下,回收运动的倡导者,虚构了大量关于回收的神话。事实上,并非所有回收都能创造铝工业那样的奇迹。大部分回收商和制造商必须非常仔细地关注自己的开支和能源消耗,以便采取最适宜的措施。

回收再利用产业已经在提高回收速度和效率、为更多的材料发现新的用途并开拓新的市场等方面取得了巨大的进步。图中所示成捆的回收物和其他回收物分开,归为新的类别。对回收物的捆装使得操作和运输变得更加简便,更加节省燃料和金钱。(South Dakota Department of Environment and Natwral Resowrces)

相比而言，塑料回收就没有铝工业那么好的运气了。2007 年，《科学日报》指出，尽管纽约和旧金山等主要城市都表明可以大规模地成功完成塑料回收　但很多自治区还远远不能达到他们的回收目标。美国环保署（EPA）指出，如果处理得当，再生铝比原生铝节约了 95% 的能源，再生纸节约了 60%，但是再生玻璃可以节约的比例则少于 50%。对塑料而言，回收再生的效果则取决于构成它的化合物种类。目前，在回收技术中最需要有所突破的是提高玻璃和塑料的回收效率，以节省能源和金钱。

废弃物中的工业原料

随着材料科学和化学研究的不断提高，回收的效率也有所提高。材料科学家和化学家对废物回收再利用成为新产品过程中的一系列行为进行研究，如粉碎、加热以及挤压等。美国麻省理工学院等高校已经将化学和材料结合为一个新的学科，并称其为材料化学。在回收领域，材料化学包括以下专业：有机和无机化学、物理化学、

新型回收	
废弃物	新用途
竹子	抗微生物工作服
椰子	吸收异味的衣服
牛仔布	房屋绝缘
轮胎内胎	钱包和手提包
纸	猫窝
塑料	户外使用的篮子
大豆壳	婴儿衣服和毛毯
轮胎	密封剂、鞋底、涂料
浴盆、水槽、马桶	水磨石柜台和地板

工业回收		
材料	来源	工业用途
煤灰	煤炭燃烧遗留的无机产物	和混凝土混合后建造墙壁、人行道、建筑结构
建造和拆除废弃物	混凝土、砖、钢铁、金属薄片、屋顶、木材	碾碎并和沥青混合后铺设人行道
铸造用砂	金属铸造过程中多余的加工材料	建筑材料填充，水泥加工，美化表层土，水泥灌浆，灰泥
石膏（自然存在的柔软的矿物）	石膏板废弃物	新石膏板，建筑材料
矿渣（金属加工过程中多余的杂质）	矿石精炼过程中的副产物	金属加工

高分子材料、生物化学和分析化学。

这一行业目前经营着超过 1000 种类别的再生产品，这一数字也标志着回收获得了多么巨大的成功。大约 80 种再生材料被用作制造这些产品的原料。附录 D 列出了一些重要的再生材料，如今，它们已经投入到各式各样的产品制造之中。

企业家也在回收工业中扮演着重要的角色，使那些大型回收行业不能合理利用的材料变废为宝。这些创新的回收计划开发出许多材料的独特用途。表格"新型回收"中列出了小型企业再利用特定废物的创意，也对可持续发展作出了巨大的贡献。

大型工厂制造了大量的废弃物，它们需要花费大量资金以及场地对其进行处理。如有可能，工厂就可以把工业废物送至可以利用其为原料的企业。企业都非常喜欢这种颇具有益作用（beneficial use）的方式，因为他们知道他们的废料将成为其他工厂有价值的商品。上表介绍了一些新开发的废物利用工业。

塑料行业则面临着比上述表格中更加复杂的回收程序。这是因为塑料的化学结构有其独特性。后面的工具栏"高密度聚乙烯"介绍的就是当今回收领域中一个主要的塑料组成部分。

再生材料化学

回收化学结合了材料科学、有机和无机化学等多种学科，使回收所得的废弃物满足新用途的需要。回收再利用的化学方面由以下四个步骤组成：①将材料按成分分解；②目标成分的提取；③清洗或净化；④分析。纸、玻璃、金属及塑料回收均需按照这些步骤，或下表中类似方法指导下进行。最终回收材料的分析可以是实验室化学测试（如塑料树脂），也可以是敏感的精密仪器测量（如金属）。

回收化学所采用的实验室流程，是在特定待回收物质的基础上进行适当修改而得出的。最常见的化学程序如下：蒸馏、过滤、相分离及催化。蒸馏就是加热材料以将其水分蒸发。可回收材料的蒸馏温度既可以是室温，也可以是低温。过滤则是让物质穿过一个带有细小孔隙的屏障（过滤器），从而将液体和小颗粒分离。化学家所做的就是保留穿过过滤器的物质，即我们所说的滤液，或是留在过滤器上的物质。相分离是获得溶解在油或水中的化学物质。催化反应，是指使用一种被称为催化剂的化合物协助改变反应进程的一种化学反应。最终的反应产物和最初的化合物大不相同。

回收化学于 1970 年的第一次环境会议上大放异彩。当时，回收再利用还不是一项妇孺皆知的活动，远没有像今天这样，遍布家庭、学校和商业的各个角落。尽管某种形式的回收活动已经存在了

基本回收步骤			
材料	分离	提取	纯化
玻璃	按颜色	洗	融化
金属	按金属组成	融化	与非金属进行化学分离
纸	按纸上的墨水	过滤而回收纤维	蒸汽压处理
塑料	按分子结构	多聚体分解成单体	溶剂处理

高密度聚乙烯

高密度聚乙烯（HDPE）是一个长链碳氢化合物，被称作聚合物（polymer），是从石油中分离所得的甲烷在高温高压下聚合形成的。19世纪90年代，德国化学家汉斯·冯·贝克曼（Hans von Pechmann）发现了制造聚乙烯的方法。其他化学家通过改变聚乙烯的侧链的种类和大小紧随其后。他们发现，这些类似的变化会改变最终聚合物的活性。1935年，英国化学家埃里克·福西特（Eric Fawcett）和雷金纳德·吉布森（Reginald Gibson）创造了耐用的聚乙烯，用于制造绝缘电缆。大约20年后，德国人卡尔·齐格勒（Karl Ziegler）设计了一种化学反应，制造和现代的高密度聚乙烯一样硬度与强度的密集聚乙烯，他也因此而获得了1963年的诺贝尔化学奖。塑料工业沿用了齐格勒的工艺，用乙烯气体或是从石油中提取的天然气制造高密度聚乙烯。

HDPE是一种热塑性塑料，这意味着构成它的分子是由弱化学键连起来的，因此加热后会变软，而在室温时又会恢复最初的形状。热塑性塑料常被用来生产奶瓶、洗发水或清洁剂瓶、信用卡及地板等。相对来说，热固性塑料在加热时不会改变形状和强度，因此最适于汽车部件和建筑原料的生产。

高密度聚乙烯在自然中很难降解，因此会很快地占据垃圾填埋的空间（高密度聚乙烯物品总共只占城市固体废弃物重量的1%）。超过95%的塑料瓶含有HDPE，或聚对苯二甲酸乙二醇酯（PET）——一种主要用于饮料瓶的塑料。除此之外，塑料工艺中使用较少的其他材料还有低密度聚乙烯（LDPE）、聚丙烯（PP）、聚苯乙烯（PS）和聚氯乙烯（PVC）等。这些塑料都含有不同的树脂成分，具体来说，树脂是碳、氢、烃或聚合物中的特定种类构成了塑料的最终结构。每种树脂都对应于唯一的由塑料工业协会（SPI）于1988年开发的代码。这一代号通常出现在一个三角形符号里，并印在相应的塑料上，就像我们经常在洗发水瓶底部所看到的那样。树脂的 SPI 代码对应关系如下：1.聚酯；2.高密度聚乙烯；3.聚氯乙烯；4.低密度聚乙烯；5.聚丙烯；6.聚苯乙烯；7.所有其他混合树脂。

回收加工 HDPE 时首先要对塑料废物进行分类和清洗。之后把塑料切成不到半英寸（1.27 厘米）的小块，称为塑料薄片。紧接着把薄片倒入熔炉，并加热至 200°F（93℃），再加入染料给新材料上色。而另一台机器挤出熔融材料，形成直径约四分之一英寸（0.64 厘米）的小颗粒，并冷却（HDPE 也可以形成粉末、颗粒、软管或薄片）。之后这些材料就可以被用来制作新的塑料产品。再生 HDPE 在高温、高湿度的环境中不降解、不分裂、不褪色，因此制造商倾向于用它制造瓶盖、户外家具、游乐场设备、玩具、板条箱、狗舍和游艇零部件等。

美国现在的 HDPE 瓶回收率超过 27%。截至 2005 年，回收塑料总额首次突破了每年 20 亿镑（907 万千克），与此同时，回收率——也就是回收总量与塑料总量的比值，也保持着持续的增长。2008 年，德国市场研究公司 Ceresana 研究宣称，全球持续增长的 HDPE 市场已经超过 3000 万吨（2700 万公吨），同时其收入到 2016 年可能会翻一番。

HDPE 回收最重要的意义，在于它保护石油资源的能力。制造 2.2 磅（1 千克）全新的 HDPE 需要 3.86 磅（1.75 千克）的石油，这其中，包括原料、运作流水线和运输需要的总能量。塑料回收、运输、制造在回收过程中也需要一些能源，但如果能够有效率地完成这些工作，与制造新塑料相比，塑料回收要节约更多的能源。

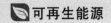
几个世纪之久，但是直到现代社会，我们才拥有先进的化学过程，用作分解材料，并开发新的物质。后面的工具栏"案例分析：第二次世界大战期间的回收业"考查了美国历史上回收的早期成果之一。

矿产与金属

矿产和金属是两种不可再生资源，必须通过回收来保持其在地壳中的储量。矿物由特定晶体结构的化合物构成，并具有一些专属的物理属性，如密度、硬度、颜色、光泽及可碎裂性等。矿物学家在地壳中发现了大约4500种矿物质。以下是几种最丰富的矿物质：石英、长石、云母、橄榄石、方解石和磁铁矿。

矿物回收在保护环境方面主要有四大重要作用。首先，它避免了采矿活动，保护了濒危植物和珍稀动物的栖息地。其次，它减少了因采矿产生的有毒废弃物。再次，从矿山中开采矿石并加以提取的过程，需要额外的化学危险物质，而回收就不需要。最后，矿物开采和提取消耗了世界能源的10%，相对于这一工业的规模而言这是不成比例的巨大浪费。而矿物回收则可以缓解这一现状。

在金属元素中，电子可以在原子间自由移动，使原子结合在一起。金属具有其独特的密度、光泽、热传导性和电荷。冶金工业根据化学特性把金属分成许多种类。在元素周期表中的元素常具有共

金属		
类别	描述	例子
基金属	暴露于空气中会被腐蚀，可以和盐酸反应产生氢气	铜、铁、镍、铅、锌
黑色金属	通常有磁性	铁
稀有金属	暴露于空气中不会被腐蚀	金、铂、铑、银
贵金属	稀有并具有货币价值	金、银、钯、铂、钚、铀

同的特性，因此在化学中，把这些元素分成多种类别。例如，以石墨形式存在的碳可以像金属一样导电，即使碳不是金属也具有这种特性。上表总结了四种主要的金属类型。

化学家还根据金属的电子结构对其进行分类。如下所示，元素周期表反映了这种分类方式：

- IA 组：锂、钠、钾、铷、铯、钫
- IIA 组：铍、镁、钙、锶、钡、镭
- IB 组：铜、银、金
- IIB 组：锌、镉、汞
- 过渡金属：钪、钛、钒、铬、锰、铁、钴、镍、铜、锌、钇、锆、铌、钼、锝、钌、铑、钯、银、镉、铪、钽、钨、铼、锇、铱、铂、金、汞

金属回收的方法在个别金属中略有不同，但大多数回收包括以下基本步骤：清洗、切碎或粉碎、提纯、熔炼和铸造成型。传统的金属行业用熔炼作为提纯方式。熔炼就是把矿石加热到熔化，从而将杂质从想要的金属中分离出来。

金属回收已经发展成为金属工业和美国经济中一个极为重要的部分。例如，2009 年金属业占美国耐用品制造业总产值的 25% 以上，其中，回收再利用构成了金属业最重要的一部分。

橡 胶 回 收

美国每年丢弃 2.5 亿只轮胎，其中很大一部分可以回收制造新的轮胎或其他橡胶产品。如果没有回收，轮胎会造成大量不可降解废物的堆积。最近已有研究证实，堆积如山的废弃轮胎带来了健康危机，充满雨水的废弃轮胎为昆虫提供了绝好的滋生空间，这些昆虫又是尼罗河病毒和脑炎病毒等疾病的携带传播者。另外，焚烧废弃轮胎会释放大量含有有害物质的污染气体。

案例分析：第二次世界大战期间的回收业

1939 年 9 月，德国入侵波兰，第二次世界大战正式打响。在当时，战争笼罩了全球绝大部分地区（美国在 1941 年进入战争）。虽然美国在工人和自然资源方面拥有巨大潜力，但它仍需要从世界其他地区进口原材料。随着工业产业从正常运作转变为战时运作，某些原材料无法满足民用和军用需求。因此美国和许多其他国家转向大规模的回收计划，以生产最需要或最缺乏的物品。

第二次世界大战期间，从美国的大城市到小城镇，随处可见有人收集橡胶轮胎、布料、机油和各种金属，这即是众所周知的废品运动。这些废品运动和食品补给方案帮助节约了一些资源，而这些资源的匮乏正是由于日本和德国各自在太平洋和大西洋上的军事行动所造成的。配给活动设立了一些物品的家庭限额，如糖、咖啡、肉类、蛋、鱼、奶酪、鞋和汽油等。鸡蛋、牛奶和肉类来自美国，但运输它们所需的燃料已经被用做战争物资了。

随着战争的进行，废物运动逐渐扩大。废旧的橡胶轮胎最初主要用于供应军事车辆所需，不过美国总统富兰克林·罗斯福很快就将这一用

两次世界大战中的美国回收组织回收成吨的材料供应战争。图中所示的废品运动促进了现在广泛使用的化学和材料科学方法的发展。
(Bentley Historical Library, University of Michigan)

途加以扩展，提倡把废旧的橡胶雨衣、花园水管、橡胶、沐浴帽、手套等收集起来，以备不时之需。历史学家罗纳德·贝利（Ronald H. Bailey）在《国内前线》（*The Home Front*）中描绘了废品运动中一些丰富多彩的成果："在纽约市，一群百老汇合唱团的女孩们一边唱着歌，开车去了一个叫做纳特·朱庇特（Nat Jupiters）的回收服务站，并上交了她们的腰带。在华盛顿，美国内政部长哈罗德·伊克斯（Harold L. Ickes）在白宫里发现了一个橡胶地板垫，于是将其卷起，并吩咐司机把它送去了最近的收集点。"政府给城镇规定了必须放入收集车的材料配额，民众都欣然应允。

在第二次世界大战的回收运动表明，几乎所有的报道都是有着战时目的的。无论什么样的布料都做成了制服，这其中包括旧布、窗帘、毛毯和装饰等。因为丝绸和新发明的尼龙被用于制作降落伞，于是女装丝袜从商店的货架上消失了。第二次世界大战对货币的改变也是深远的，所有原本用于制造钱币的铜都转为制造电线。一时间钱币的制作材料变成了镀锌钢材。用过的润滑脂则用来制造炸药和人造橡胶，食品油脂和脂肪用于制造火药。旧报纸充当了军事运输的包装。

在所有的战争回收运动中，以钢铁为代表的废金属和橡胶，无疑是战时机械装置留给人们的最深印象。在每一个城镇中心，巨大的金属物品堆都在不断增长，而其中堆满了自行车轮圈、浇水罐、金属桶、易拉罐、回形针、玩具车、管道、床弹簧等家用产品。搬运工把金属运至冶炼公司，并通过加热金属至熔化去除其中的杂质。随后卡车把冷却后、提取好的金属送到工厂。

在第二次世界大战中，橡胶物品收集也同样令人记忆犹新：橡胶鞋底、橡胶带、球、屋面衬板、内管，以及其他一系列物品，都是罗斯福总统在他全国性的每周广播中要求回收的。而在那之前从未进行过如此大规模的橡胶回收。不过战争时期，化学家很快就发现了更好的把橡胶变成新产品的办法。

他们用一种叫做硫化过程的处理方法，将加热后的橡胶与硫化物进行化学反应。硫化过程分解并继而重建了橡胶分子之间的化学键，从而对橡胶加以强化。在橡胶工业中，也对橡胶进行脱硫（devulcanization）处理，脱离其中的硫以改变其化学性质，然后制造商对橡胶进行再硫化处理，重塑其耐用性。

第二次世界大战期间，美国回收了大约25%的废弃物，对一个仅有 1.38 亿人口的国家来说，这是一个巨大的数目。废物运动推动了工业领域发明更新、更快的回收原材料的方法，也导致了常用物品创新用途的出现。

2003 年，EPA 根据最新的废弃轮胎量估计，美国产生了 2.9 亿个废弃轮胎，占了美国所有固体废弃物的 2%。大约有 30 个州利用轮胎焚烧来满足他们部分能量需求。这种能量称为轮胎来源燃料（TDF）。（Buffalo ByProducts）

轮胎和其他橡胶制品回收利用的初始环节，是把橡胶粉碎成面包屑一样的碎粒。废旧橡胶的回收代替了最初的原料用于产品制造。紧接着，下一步是脱硫，打破了使橡胶聚合物结合在一起的硫键，从而可以将其改造成新产品。脱硫对回收公司来说是非常困难的，因为目前无论运用何种方法，不是过于昂贵，就是会对橡胶的一些自然特质有所破坏。

然而，橡胶回收业研发了新技术，来替代难以控制的化学脱硫方法。例如，超声脱硫，就是将橡胶暴露在 50 千赫超声波中保持 20 分钟。这种方法既破坏了硫键，还保证所有的碳 - 碳键都完好无损，从而使得橡胶保持了原有的特性。

世界范围内的橡胶需求正在不断增加，主要是由于中国和印度的汽车使用量处于急剧上升的状态。现行的回收再利用措施对于不断增长的需求来说只是杯水车薪。因此，与轮胎制造商一样，回收业也必须不断努力，寻求橡胶处理和再利用的新技术。

小　结

废物回收历来是一种手段，或是用于降低业务成本，或是创造一些稀缺物的替代品，或两种目的并存。然而，现在我们已经知道，在过去的几十年以来，回收更承担了第三个使命：废物管理。回收帮助解决了一个巨大的环境问题，那就是全世界人口产生的大量废物。对于回收而言，为了对减少废物产生更大的影响，需要注意一些相关领域科学技术的新进展。

自 1970 年以来，回收行业在再利用材料数量以及所制造的产品种类上有了巨大的进步。材料科学与化学的进步，将使未来开发垃圾填埋区里的物品具有更多新用途。总的来说，这些物品主要包括玻璃、塑料、铝、非铝金属、纸张和纸板等。而垃圾填埋区内的其他物品，要么可以迅速分解，要么可以用来制造燃料并产生能源。科学家们必须找到更多的办法，来处理社区产生的五种可回收垃圾。除此之外，我们还需要找到更好的化学品与溶剂的处理方法，以使这些有害的物质能够得到最好的利用。

回收行业最大的成就可能是在铝回收方面，甚至几乎没有继续改进的空间了。然而，其他材料还尚未有效地转换为有用的产品，当然，这也许是因为技术的落后，尤为突出的是塑料回收的问题。在塑料行业中，由新的树脂原材料生产塑料的成本往往会小于某些树脂的回收再利用成本。但这也从另一个角度表明，塑料行业在回收技术方面有巨大的发展前景。

最后，尽管回收目前主要以管理废弃物为目的，但在将来必须对技术加以改进，从而能够跟上废物产生的速度。回收再利用已经成为建设零废物排放社会的最好方法。虽然零废物排放的目标不可能很快达到，但其具有降低人类生态足迹的潜力，而这无疑是所有可持续发展方案的最终目标。

汽油替代燃料汽车

在美国，私家车每年行驶过的公路和街道记录有 400 万英里（640 万千米），这一距离仅次于飞机。此外，美国汽车制造商协会（AAMA）预测，到 2010 年汽车制造产量将超过 5000 万辆，这一数字自 20 世纪 50 年代起就呈持续上升状态。另类旅行倡导者认为，只有减少对个人汽车的依赖，才能够降低全球变暖的速度。但环境科学家也许能够更好地接受工业化国家的人民和他们的私家车之间千丝万缕的联系这一事实。工业化国家在很大程度上依赖于交通工具，还有从工厂到消费者之间运送货物的卡车。

2006 年，绿色环保汽车协会的迈克·米利（Mike Millikin）和环境作家亚历·斯特芬（Alex Steffen）在《世界变化：21 世纪用户指南》（*Worldchanging：A User's Guide for the 21st Century*）中写道："对于许多北美人来说，汽车已经成为一个必需品。杂乱无章的郊区和糟糕的城市规划已经让我们的出行疲惫不堪，没有汽车我们几乎无所适从。"在其他地区，中国和印度蓬勃发展的经济使他们在对新车的渴求方面紧跟美国的脚步。2008 年，《华盛顿邮报》记者阿里亚纳·恩静·查（Ariana Eunjung Cha）指出：

"在中国，私家车已经开始了爆炸性的增长，不仅是轿车，运动型多用途车、皮卡和其他高耗油的设备也同样如此 仅中国就占了近期世界石油需求增长的40%，石油的消耗量是十年前的两倍。"在印度，汽车制造商不断推出新车型，以满足该国不断增长的私人汽车需求，而且这种趋势似乎没有减缓的迹象。

环境学家已从这些数据中获得了线索，认为让人们放弃汽车是十分困难，甚至是不可能的。但是，从长远而言，这些车辆的燃料是一个巨大的问题。世界石油消费持续增长，美国是领头兵，每天消耗超过2000万桶石油，中国、日本、俄罗斯、德国、印度、加拿大、巴西、韩国、沙特阿拉伯、墨西哥、法国、英国、意大利、伊朗、西班牙、印度尼西亚紧随其后，每天均消耗100多万桶。与其试图改变人们对燃油消费的需求，不如发展新能源技术，取代不可再生的石油燃料。

化石燃料的消耗必然导致温室气体的排放。交通运输产生的温室气体占总量的34%，发电厂产生了39%，工业生产及家用则产生了27%。由于这个原因，汽车使用清洁燃料和更有效率的燃料可以对温室气体造成的全球变暖产生重要影响。在今天的道路上，产生温室气体的主要罪魁祸首是轿车（排放量的35%），轻型卡车（27%）和重型卡车（19%）。飞机产生9%的温室气体排放，管道、机车、船舶和小艇产生其余的部分。

今天的主要替代燃料是酒精、生物柴油（无石油的柴油燃料）、天然气、丙烷和氢气。以酒精或生物柴油作燃料的汽车占据了现有替代燃料汽车的绝大部分，更多使用天然气、丙烷或氢气作燃料的新车型也都呼之欲出。即便如此，替代燃料汽车只占美国汽车购买量很小的比例，大约是新销售汽车的2%。

本章论述了替代燃料汽车领域中的重要科技进展，设计范围广泛，从已经进入市场的电力-汽油混合动力汽车（hybrid vehicle）到依然处于发展中的创新汽车。本章还探讨了生物燃料、合成燃料

汽车设计者、工程师和业余投资者已经研发出了一些新型使用可替代燃料的汽车。如图所示的太阳能汽车由堪萨斯州立大学设计建造，车身覆盖着太阳能收集器和电池。北美 40 多所大学曾经设计过类似的车型，作为未来全太阳能车或太阳能 - 电力车的原型。这个小组还参加了 2500 英里的北美校际太阳能挑战拉力赛。

及其他能源，如电池、燃料电池和天然气等的新理念。其他内容还包括未来技术的远景和一个传统技术，分别以核动力运输和风力发电为代表。本章的最后介绍了以已经获得成功的、以合成技术为基础的创新汽车的相关情况。

替代燃料汽车的新变革

今天的替代燃料汽车种类繁多，通过使用如电能等其他类型的能源以减少化石燃料的需求。1997 年，丰田普锐斯（Toyota Prius）是第一个大规模投放市场的混合动力型家用汽车，然而，替代燃料汽车的历史可以追溯到更久以前。下表回顾了现代替代燃料车史上的重要里程碑。

在 20 世纪 30 年代，曾经统治了 20 世纪初期的电动车被汽油汽车逐步取代。电力技术虽然能够提供无限制的家用功能，但用于汽车则会产生以下麻烦：电力工厂并没有统一使用交流或直流电压的规范；充电电池只能维持行驶 30~50 英里（48~80 千米）的距离；在冬天电池会损失大约 40％ 的能量；电池的重量会使汽车陷在雪

替代燃料汽车的革命			
车型	设计者	生产时间	特性
柴油机	鲁道夫·狄塞尔	19世纪90年代	第一个以花生油为燃料的发动机,是现在生物燃料的始祖
电力马车		1898~1912	第一个全电力驱动运输工具
保时捷-罗纳尔	费迪南德·保时捷	1900	汽油发动机和电力驱动系统共同工作
T型车	亨利·福特	1905	以从玉米中获得的乙醇为燃料
凯迪拉克	查尔斯·凯特林	1912	首先运用电子发动机
小型车	克里斯托弗·贝克	1935	全电力驱动
各型汽车	福特汽车公司	20世纪三四十年代	以苯作为替代燃料
公路汽车	托马斯·达文波特和罗伯特·戴维森	1942	可用于公路行驶的一次性电池供电
Electrovan	通用汽车公司	1966	氢燃料电池提供动力
卡车	福特汽车公司	20世纪60年代	一些丙烷作为燃料的车型
城市车	Sebring-Vanguard公司和艾卡公司	20世纪70年代	小型短途电力车
普锐斯	丰田汽车公司	1997	第一款成功投入市场的电力-汽油混合动力车

或泥里。

　　替代汽车的发展历程正是一系列的试验以及错误的血泪史。每一个获得突破的替代汽油的新燃料,都有着其自身的缺点。2008年,《时代》杂志记者迈克尔·格伦沃尔德(Michael Grunwald)警告读者,指望生物燃料完美地解决燃料消费的问题是一个陷阱,"生物燃料热潮带来的真正效果恰好与其支持者的预期大相径庭:它大大加速了全球变暖的步伐,虽然冠以拯救地球的名义,实则正在毁灭它"。在十年前似乎还预示着会成为未来替代燃料的生物燃料,现在却由于与其优点相伴缺陷遭受了大量的批评。下表给出了替代

替代能源汽车的特点		
燃料	优势	劣势
电池	无污染	目前使用范围小
生物燃料（玉米来源的乙醇）	可以用汽油机	提升玉米价格，影响世界粮食供应
生物燃料（非玉米来源）	原料来源广，可用于柴油机	潜在的二氧化碳高排放
电力，插入充电式	无污染	需要可用的充电站
氢燃料电池	以水为原料，无危害，不产生二氧化碳	需要能量来生产该电池，并且行驶里程较短
天然气	高产能低消耗	不可再生资源
太阳能	无污染	昂贵，不适于近期使用
合成燃料	原料来源广	生产昂贵且污染环境

燃料的优点和缺点，而科学家和工程师们正在对此进行详细研究。

　　汽车工程师致力于提高替代燃料现有的优势，并同时试图消除其缺陷。表中所提到的创新大都已经进入原型（prototype）车阶段，而且其中一些还可能在不久的将来进入消费品市场。实施新汽车设计的最大障碍，来自于打破了汽车制造和购买的传统习惯。大型汽车制造商已经在过去的汽油车辆领域建立了其自身的盈利方式，而没有在替代燃料汽车上投入过多的精力。只要原油价格维持较低的水平，以及空气污染还没有达到临界水平，汽油总是有意义的。但现在的空气反映了数以吨计的汽车排放造成的破坏性影响，并且原油供应也已经成为一个复杂的科学和政治问题。不开发新型汽车的决定对美国汽车业造成了严重的后果，下面的工具栏"案例分析：丰田普锐斯"对这一问题进行了讨论。

　　为了将现今或长或短的车队改造为效率能源汽车，卡车制造商也已经取得了一定的进展。多种类型的燃料卡车，如以汽油、酒精、氢气等为燃料，与混合动力型汽车相类似。卡车行业也遵循EPA

电力 - 汽油混合动力车和全电力车在不远的将来会变得更为流行。许多城市和大学的汽车共享项目使用类似于图中的正在充电的斯巴鲁 R1e 汽车，并且许多公司开始提供全电力驱动的车型。（Subaru）

的规范进行改造，对现有的柴油卡车、公共汽车等进行改良，并利用无污染技术生产汽车。下面是一些有可能帮助降低卡车排放量的技术：

- 减少发动机空挡，以节约燃料
- 改进催化转换器，以减少有害气体的排放
- 安装催化剂滤过器，以净化废气
- 使用颗粒过滤器，以去除尾气中的颗粒

除此之外，卡车行业还鼓励司机减少长时间空档行驶并控制速度，以减少总的尾气排放量。

生 物 燃 料

生物燃料（biofuel）是指任何由植物原料所制成的燃料。现今使用的最主要的生物燃料是从粮食作物中生产的乙醇，从天然气或称为生物质的固体有机废弃物中生产的甲醇，甲烷和二氧化碳混合

案例分析：丰田普锐斯

当2000年夏天，丰田的电力-汽油混合动力汽车在美国开始销售时，《纽约时报》记者安德鲁·波拉克（Andrew Pollack）写道："普锐斯这款混合动力车，克服了其他清洁燃料动力车的大部分缺点和不便。"波拉克指出一个经常被忽视的事实：普锐斯并不是第一个出现的混合动力车。丰田汽车公司制造混合动力车的历史可以追溯到1900年。但仅有普锐斯这一款成功进入市场，其既满足了驾驶者的需求，也遵守了严格的环境法规。

普锐斯代表了日本汽车产业自20世纪80年代形成的特点，即日本的汽车和电子产业将创新的驾驶体验和降低制造成本相结合，从而可以达到普通人满意的价位。美国的汽车公司所研究的替代能源车不少于他们的外国竞争者，但是没有一款达到了普锐斯所具有的五个目标：

● 拥有常规的外观和体验，不需要驾驶者改变他们的驾驶习惯

● 和类似汽车标价近似

● 为驾驶者节省开车费用

● 比其他竞争汽车对环境的伤害更小

● 可以在市场上方便地购买

尽管美国三大汽车公司——福特、通用和克莱斯勒的车型在创新性上丝毫不逊于普锐斯，但是当普锐斯成功进入市场之后，他们就在替代能源车市场上不断进行追赶。在普锐斯研发的早期，底特律汽车公司依然想遵循他们屡试不爽的制造理念，即制造多数人喜欢的大马力但高油耗重型车。

到了2008年，三大公司都面临着严重的经济危机，一部分是由废弃的生产线所致。《纽约时报》的一篇文章解释了在寻求可持续发展的大环境下，这些汽车制造业巨头们的窘境："这些一直领导着产业发展的汽车制造公司，需要销售重型卡车和运动型多用途车来获得收益。"这表明，三大汽车制造公司在实现三个相矛盾的目标时遇到挑战。第一，他们必须缩短新车型设计

和销售之间的间隔。第二，他们必须要设计新型可替代能源车。第三，也是最困难的，他们必须冒险改变他们传统的车型，并坚信人们会接受。

从普锐斯中得到的启示并不仅限于燃料经济。可持续发展的进步，不需要将现有的科技完全推翻，而是要对其做出一些重要的改变，如燃料类型、燃料效能和减少燃料使用的方法等，从而降低对环境的损害。这些创新的改变必须要被公众所接受。一款可以合理利用能源但却不能被消费者所接受的原型车，对于可持续发展没有任何意义。最后，汽车公司必须进行结构优化，以便每一个创新的设计能够比以前更快的进入制造。相对于费油的大型车，消费者更愿意选择价格合理且效能高的可替代能源车。因此，汽车公司必须从以前将可替代能源车作为新鲜事物的认识中清醒过来，而把其作为适用于未来的交通运输方式。

而成的沼气，以及植物油。在美国，由于汽车排放造成的全球变暖恐慌和受政治分歧影响的原油供应不稳，生物燃料受到了相当的重视。在 2007 年的国家国情咨文中，乔治·W. 布什强调了对生物燃料的需求："让我们在未来 10 年内，在所做工作的基础上，将汽油使用量再减少 20 个百分点……为了达到这个目标，我们必须通过建立法定的燃料标准，规定到 2017 年必须达到 350 亿加仑（1320 亿升）的可再生燃料，从而提高替代燃料的供应。"美国两大政党目前都将精力集中在生物燃料上。生物燃料生产商也已经接受了这一挑战，对业已增长的生物燃料开展业务和全球性的投资。到 2010 年，对生物燃料的投资总额可能达到 1000 亿美元。然而，我们同时需要注意到，随着产量的猛增，数百万的农田将会从种植粮食作物转化为种植生物燃料作物。

在将粮食作物转化为燃料作物，及其给全球经济带来的影响上，乙醇成为了争论的焦点。生物燃料可以由玉米、大豆、甘蔗、甜菜、高粱或向日葵等制造而成。作为生产乙醇的原料，这些农作物价格会有所上升，会促使农民将其卖给燃料制造者，而非食品生产者。然后，其他农民看到能从种植这些燃料作物中获利，也会把农作物都换成燃料作物，于是又导致了其他谷物价格的上涨。而全球性的农作物需求，更致使发展中国家的农民们砍伐树木、破坏草地，改为种植庄稼。结果导致了栖息地和生物多样性的消失，同时为了耕种而燃烧的绿地还会导致大气中二氧化碳的含量增加。在巴西等地，这一系列事件正在上演，环境保护主义者们也担心这有可能会达到相当严重的地步。《时代》杂志作家亨利·格伦瓦德（Henry Grunwald）简单地解释说："最根本的问题是对亚马孙森林（巴西）的砍伐获得了比保护更大的价值。"生物燃料作为替代燃料不应该被取消。相反，生物燃料必须以对环境更好的方式来加以运作。

新的生物燃料的来源可能有助于缓解以玉米为主的生物燃料带来的问题。种植者已经开始对其他农作物进行尝试，使其在土地利用和更有效地把作物能源转化为燃料能源方面获得比玉米更大的优势。例如，每单位的玉米能生产 1.3 单位的乙醇，而每单位甘蔗则可以生产 8 单位的乙醇。而且，每英亩（0.004 平方千米）土地上甘蔗的产量也是玉米的两倍。任何被选作生产生物燃料的作物都应避免大量使用化学肥料、杀虫剂和除草剂等大规模玉米生产的措施。

另一方面，将废物中存储的能量转化为乙醇中的能量，这样废旧材料也提供了有效的转换途径。纤维素乙醇正是来自于没有什么农业价值的作物；他们之所以被称为纤维素，主要是因为它们的主要成分是纤维素纤维。玉米秆、稻壳、树叶、木屑和树皮等森林废料、家具厂的锯末、纸浆以及快速生长的草原牧草等，每单位原料

如图所示的甘蔗构成了巴西生物燃料的基础，使其告别了依赖进口石油的年代。相对于美国主要的原料玉米而言，每英亩甘蔗产生的生物燃料是其两倍。所有生物燃料和生物质的使用也必须遵循可持续发展的思想，既要满足世界粮食供应，也要保护环境。在收获甘蔗之前，巴西人通常点燃甘蔗田以驱赶蛇，但这同时也污染了环境。为了增加甘蔗产量而大规模的砍伐森林，无形中增加了大气候中的二氧化碳含量。生物燃料产业必须认真解决这些问题，才能真正达到保护环境的目的。（Rufino Uribe）

均可以产生 36 单位的乙醇能量。在非洲东部的马里，优质的农田十分珍贵，种植者在那里种植麻风树，这是一种能够在贫瘠土壤上茁壮成长的植物，几乎不需要任何农药和杀虫剂。这种作物允许农民拥有更有价值的农田，用来种植水果和蔬菜，并从中获得收入。

有些车主已经自行重新组装他们的爱车，使其可以利用废弃的食用油。马萨诸塞州的 Greasecar 公司，通过向车主销售套件，用于调整发动机，使其可以使用餐馆剩余下来的植物油作为燃料。可

海藻可以将太阳能转化成化学能，因此其被作为生产生物柴油的原料。海藻的生长、繁殖、收获花费少，并且相对于农作物来说，仅需要很少的土地。（New Mexico State University）

是目前为止，EPA 还没有批准使用这类燃料的汽车在公共道路上行驶。

　　企业家们对完全不需要土地的可再生能源——海藻（algae）进行了研究。马萨诸塞州剑桥市的绿色能源科技公司，就在池塘里种植了海藻，并利用藻类先天的优势，通过光合作用将太阳能储存在碳水化合物和脂肪之中。然后公司的化学家将其中的物质百分之百转化为乙醇。2008 年，《财富》杂志上报道绿色燃料系统的一篇文章介绍说："设计的不寻常之处在于通过一个生物反应器（一种微生物生长的容器）将池塘里积蓄的物质（如池泥等）转变为可以被加工成汽车或卡车燃料的生物能量。"藻类培养皿可以放在不适宜农作物生长的贫瘠土地上，甚至是污染过的或咸水水域。

　　一部分研究如何通过藻类制作燃料的科学家们，已经将目标放在了制造藻类生物柴油的技术上。柴油与汽油一样，是从原油中分离出来的，但柴油在成分上不同于汽油，并且具有更高的黏稠度。生物柴油来源于植物而非原油，并且产生的能量是等量化石燃料的2.5倍。虽然研究仍处于初期阶段，但藻类似乎是最适用于制造生物柴油的材料。

藻类和其他微生物（如细菌）一道，创造了一个新的替代燃料来源，并避免了燃料作物种植的诸多弊端，这令科学家们欢欣鼓舞。新墨西哥州克拉默的桑迪亚国家实验室的生物燃料研究者凯撒·安德鲁斯（Kathe Andrews）说："海藻具有产生大量生物燃料的潜力。我们甚至有可能用藻类衍生油取代所有的柴油资源，甚至还可能取代很多其他的东西。"电力公司和其他大型企业，都纷纷就未来藻类生产生物燃料领域进行着不懈地研究。世界上最大的一些石油公司，也已经与企业家合作寻求新的生物燃料。

合 成 燃 料

合成燃料，由非生物材料产生的液体燃料组成。目前正在研究的最主要的合成燃料来源为煤、天然气、油页岩和焦油等。在第二次世界大战时期，原油供应链被切断之时，合成燃料凸显其重要性。德国正是在其燃料供应萎缩时，发展了名为费托（Fischer-Tropsch）工艺的方法制造合成燃料。费托工艺通过对固体煤炭采取高温高压处理，从其中制造液态汽油。第一个合成燃料是采用焦炭作起始原料，而焦炭则是蒸馏煤产生的一种副产品。到了 20 世纪 50 年代，随着原油再次成为可使用的燃料，合成燃料的研究逐渐停滞不前。而替代汽车技术重新点燃了人们对合成燃料的兴趣，原因有以下两点：打破美国对其他国家原油供给的依赖，以及为机车提供可以降低排放量的更洁净的燃料。然而，合成燃料有一个主要缺点，即他们的生产需要消耗大量的化石燃料和能源。也正是由于这个原因，合成燃料生产商正在开发利用生物质替代化石燃料作为原料的方法。

生物质之所以能够作为合成燃料的原料，主要是因为它含有高浓度的燃料元素——碳化合物。合成反应中产生了由氢分子附着在碳骨架分子上而形成的长链碳氢化合物。由于生物质的组成是多变的，因此可以构成多种不同的燃料，每一种都独特地融合了不同长度的碳氢化合物。费托工艺适用于生产如下物质，密度从小到大依次是：甲烷气体、乙烷气体、液化石油气体、汽油、柴油和蜡。

如今，已经合成了很多可供使用的发动机油。合成发动机油包括实验室里制造的长链聚合物，这也是通过化学方法专门按照传统汽油的特点设计的。合成油必须保证在发动机中加热时不会降解，并且在润滑方面不逊于传统机油。到目前为止，化学家已经开发出了各种等级或黏性的合成油，以满足不同类型发动机的需求。

生物技术公司也通过结合生物技术与合成手段的方法，加入了开发更好的可持续合成燃料的行列。一个叫做合成生物学的新领域也由此诞生了，研究如何合成制造自然界中不存在的生物替代物。2008年，康顿设备公司（Codon Devices）的卡里姆·萨阿德（Kareem Saad）解释说："合成生物学有充分的理由扮演重要的角色。引入工程设计原则和生物学标准化的方式，可以确保我们生产燃料的方式发生革命性的改变，从而令消费产品对原油的依赖和对环境的危害均有所减少，甚至颠覆原有的游戏规则。"合成生物学专家现在正计划通过生物工程（bioengineering）或新的发酵（fermentation）方法，使天然微生物产生新的可作为燃料的碳氢化合物。新一代的生物燃料可能以微生物合成的碳氢化合物为原料，来制造合成汽油或柴油。

另一个相关领域则是绿色化学，主要使用酶来进行化学反应。天然酶催化化学反应时，不需要像传统化学反应那样，需要高温或危险的化学品。这个化学领域为合成生物制造碳氢化合物以替代化石燃料，带来了新的希望。

无论汽车使用生物燃料、合成燃料还是化石燃料，必须通过碳氢化合物的燃烧产生动力。因此，替代燃料发动机汽车看起来与标准的汽油发动机汽车没什么两样。燃烧的原则将在下边的工具栏中进行描述。

燃　烧

燃烧（combustion）是指氧气和其他原子结合产生新物质并以热的形式释放能量的过程。火是大家熟知的燃烧反应，即空气中的氧气和碳或碳氢化合物结合产生热量、气体以及燃烧物发出的光。

内燃机就可以制造燃烧反应。在内燃机结实的金属气缸内，空气和高能燃料发生迅速反应，其实就是碳氢化合物和空气结合时发生爆炸释放能量的过程。爆炸产生的能量通过转动曲柄轴而使汽车前进。简单来说，汽油机驱动的汽车之所以会动，是因为汽油所含碳氢化合物中的碳 - 氢键能被转变成了热能，又进一步变成动能。

典型的内燃机通过如下四个步骤将一种形式的能量转化成另一种形式：①进气冲程，即汽油和空气一起进入汽缸；②压缩冲程，即对汽油 - 空气混合物加压，以使其爆炸时产生更多的能量；③燃烧反应，即气缸内发生爆炸；④排气冲程，即反应的副产物被排出气缸。生物燃料及合成燃料都含有碳氢化合物，因此也可以像汽油一样完成四个冲程。但其不会像汽油那样，产生高浓度的有害物质。

内燃机排出的反应副产物是全球气候变暖的罪魁祸首，损害了人类、野生动物、植物和树木的健康。这些副产物包括：一氧化碳、二氧化氮、二氧化硫和多环芳烃。传统内燃机的排放物还包括苯、甲醛和直径小于 10 微米的颗粒物。因此，生物燃料和合成燃料可以减少有害物质的排放，达到保护人类和环境的目的。

电 池 能 源

　　许多年前，人们就开始尝试为车辆提供专用的电池进行供电。然而大部分的尝试都遇到了巨大的障碍，如果要为汽车提供能够行驶有实际意义距离的能源，所需的电池必须有巨大的体积与重量。汽油-电池混合动力型汽车的发展则更具有可行性，也为科学家改进汽车电池技术提供了动力。一旦有了更新、更轻的电池，完全由电池驱动的车辆便可以占据替代汽车市场中很大的份额。

　　传统的汽车电池含有铅和强酸，为在相反电极之间电子的流动提供了介质。这种电子的定向流动，产生了电流，也使得司机在转动钥匙的一刹那，就能顺利发动引擎。在 20 世纪 90 年代，通用汽车公司就开发出了不基于传统的铅酸系统的新型电池。该公司使用这一发明制造了完全由电池供电的 EV-1 汽车。EV-1 汽车与传统汽车相比，具有相同或更好的速度和动力，但充电过程显得不太实际，因此于 1999 年停产。

　　有两项创新带来了电池动力汽车的回归。第一项是带有新的轻型电池的丰田普锐斯（Toyotas Prius）。第二个则来自美国计算机行业，为便携式计算机开发出了锂电池。这两种类型的电池产生了足够的能量，并且重量远远小于过去的电池。所有后续的替代燃料汽车的组件，包括电池在内，都经过了耐用性和重量方面的挑选。

　　下一代电池动力汽车可能与普锐斯十分类似，能够在不使用时完全进入充电模式。2008 年，《芝加哥论坛报》报道："通用汽车公司和丰田汽车已共同宣布，计划在 2010 年推出插入式混合动力汽车，二者都将使用锂离子电池。"通用公司对新福特汽车的描述是："当电池放完电之后，福特的汽油发动机将会对其充电，又可以增加 600 多英里（965 千米）的行驶距离。"汽车制造商仍需要继续提高全电池动力车的行驶距离，使司机不用担心会因为附近没有充电站而抛锚。规划城市可持续发展系统的工程师很有可能要考虑，是否需要在市中心建设长久开放的汽车充电站。

　　汽车业发言人约翰·汉森（John Hanson）告诉《芝加哥论坛报》的记者："我们需要看看锂离子电池是如何在现实世界中发挥作用的，并确保这项技术的可靠性，以满足他们（汽车公司）的需要。"现在，汽车制造商可以向着如下几个方向发展：完全锂离子电池供电车、优于锂电池的新电池供电车、或者汽油 - 电池混合动力汽车。

燃料电池技术

　　燃料电池代表了动力电池发展的新阶段。燃料电池在能量转化

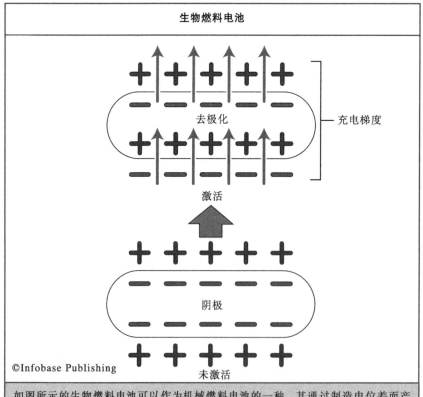

生物燃料电池

去极化

充电梯度

激活

阴极

未激活

©Infobase Publishing

如图所示的生物燃料电池可以作为机械燃料电池的一种。其通过制造电位差而产生电流，从而生成能量。静息条件下的电池是去极化的：电池膜将内部的负电荷区（蛋白）和外部的正电荷区（钠离子）隔开。工作时，在电池膜上开一个小洞，电池就会去极化而产生电位差，继而产生电流。

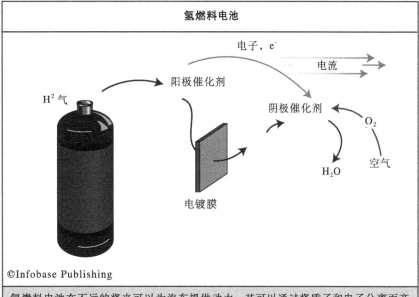

氢燃料电池

电子，e⁻

电流

阳极催化剂

H² 气

阴极催化剂

O₂

空气

H₂O

电镀膜

©Infobase Publishing

氢燃料电池在不远的将来可以为汽车提供动力。其可以通过将质子和电子分离而产生电流。反应的副产物只有水，不会释放出温室气体。

过程中只产生水和热量，它们反应十分安静，而且与燃烧相比，它们将燃料转化为能量的效率提高了 3~4 倍之多。

两种类型的燃料电池之中，第一种是通过氢气（H_2）与氧气（O_2）发生反应，并产生电能。汽车制造商希望能在 2010~2020 年将这种氢燃料电池技术引入汽车领域。第二种类型的燃料电池则利用了微生物，进行的反应与氧气和氢气间的反应相同，并产生电子的流动。科学家们一直在研究生物燃料电池，但到目前为止还没能将其用在汽车上。

无论是化学还是生物燃料电池，都依赖于催化剂来降低开始反应需要的能量，从而促进反应的进行。运用催化剂可以使如下的氢燃料电池反应更有效的进行：

氢燃料 + 氧气 + 催化剂 → 水 + 能量

化学燃料电池使用易于接受或释放电子的金属催化剂，如钯和铂等。生物燃料电池则利用酶作为催化剂，就像他们在自然界中发挥的作用一样。在生物学领域，催化剂促进反应以毫秒或是千分之一秒的速度进行。如果没有酶，相同的生物反应很可能需要数百万年时间。2003 年，北卡罗来纳大学的生物化学教授理查德·沃尔芬登（Richard Wolfenden）解释说："现在我们发现的未经酶活化的反应比经过酶催化的要慢 10 000 倍。它的半衰期，即一半物质被消耗所花费的时间是 1 万亿年，是宇宙寿命的 100 倍。而酶却可以促使这个反应在 10 毫秒间发生。"显然，燃料电池技术的成功与否取决于催化剂的应用，而生物学很可能已经在地球发现了一些很好的催化剂。

化学燃料电池的燃料可能是以下任何一种含氢量十分丰富的材料：天然气、石油、丙烷、甲醇、乙醇或煤。而在这些材料之中，只有甲醇和乙醇是可再生能源。即便化学燃料电池使用了不可再生的燃料，他们将燃料转换成能源的效率也远远高于内燃机。化学燃料电池大约减少了二氧化碳排放量的三分之二。

相比之下，生物燃料电池则可以使用生物质或粪便等有机废物作为燃料来源。虽然沃尔芬登指出虽然速度与酶促反应息息相关，但等到生物燃料电池能够带动汽车还需要一定的时间。到目前为止，生物燃料电池仅仅应用于如计算器等低能耗的设备。

未来的燃料电池汽车也许可以通过使用燃料电池组来解决产能低的问题。燃料电池组由许多单一燃料电池组成，以提高它们产生的总电压。正如其他类型的汽车能源一样，燃料电池必须提供动力和耐用性双重保障，否则可能无法吸引消费者进行尝试。

核裂变和核聚变

在所有能源中，核能是单位数量燃料提供最大、最持久能量的燃料。然而，核能并没能用于客运车辆，主要是因为公众对其安全性以及可能产生的放射性（radioactive）废物产生担忧。而海军舰艇使用核能已经有相当长的时间了，也因此节省了数十亿加仑的原油。

核裂变是原子核中发生的一种变化，原子核分裂而形成较轻的新原子核。每次裂变反应都会释放不带电荷的粒子，即中子，并产生巨大的能量。而释放出的中子又会和其他原子碰撞，使更多的原子核发生裂变，进而释放更多的中子和能量。这种多重的自我维持的裂变反应统称为核链式反应。核链式反应释放的能量十分巨大，因此必须极其小心地控制其数量。

而核聚变是与裂变相反的过程。在核聚变中，两个原子，如氢原子，在高温下聚合并形成一个更重的新原子核。这一过程同样会释放出大量能量。

传统用于社区或为美国海军的巨大战舰供电的核反应，多数为核裂变反应。这些反应堆的燃料是铀和钚。虽然核反应不会用于驱动汽车，但是氢燃料电池提供了一种安全利用核能的方法，在未来具有很大的可行性。

华盛顿地区核能研究所的研究人员提出，核能服务于运输业的最好方式可能是为插入式电动汽车提供电力来源。未来的替代燃料汽车和核能可能以一种相辅相成的工作方式向着两个方向发展。其一，这个系统将通过代替汽油机和柴油机来减少化石燃料的使用。其二，该系统将代替火力发电厂来发电。然而，在短期规划中，核能最现实的应用还是在远洋船舶。

天然气燃料

甲烷占天然气体积的 50% ~90%。天然气田通常位于油田的上方，因为几百万年前形成原油的过程中，有机物分解的同时也会释放气体副产品。这些原油附近储存的天然气被称为常规天然气。还有一些相对罕见的天然气，并非储存在原油附近，这一类则称为非常规天然气。

　　天然气的最大储藏地位于中东地区，其次就是俄罗斯及其周边国家。美国仅拥有世界上约 3% 的天然气储量。

　　天然气作为一种能源，与原油一样有很多缺点。例如，天然气是一种不可再生资源，按照现在的消耗速度总有一天会消失殆尽。在目前的消耗速度下，天然气的总探明储量还能维持 200 年，但这只是一个估计，而且很可能只是一个乐观的估计。因为未开采的天然气中有一部分非常规天然气，而开采它们的费用是十分昂贵的。出于这个原因，非常规天然气几乎没有被开采。

　　同原油一样，从开采到成为可用的燃料，天然气也需要消耗一定的能量，具体步骤如下所示：

　　1. 勘探：通过地质调查（geological survey）、测绘、制定钻探计划等探查天然气储量；

　　2. 开采：建立钻井并将天然气开采出地面；

　　3. 生产：把各种烃类与作为燃料的甲烷分离开来；

　　4. 运输：通过遍及北美的地下管道网络输送天然气；

　　5. 存储：储藏在地下储藏槽中以备使用；

　　6. 分配：为家庭和企业等消费者提供相应的配额。

　　对于不同的天然气田开发步骤不尽相同。例如，有时需要通过多种勘探技术，才能找到一个天然气矿床。勘探队在地质勘探中加入了地震学技术，根据脉冲能量波探测地质层的密度。地震学家根据所得的数据可以绘出地下岩层的三维图像。除此之外，还会用到测量地下磁场或引力场的仪器。即使有再好的证据，公司有时也必须通过试验性钻井来勘测天然气。除了这些因素，钻探的方式还取决于天然气所处的位置距离油田的远近。

　　一旦气体被开采至地面，加工者会针对两种气体成分，即混合烃和液化天然气，采用特定的加工方法。液化天然气包括乙烷（二碳）、丙烷（三碳）、丁烷（四碳）和天然汽油。天然气工业将这些成分按不同的用途分别销售，如丙烷用于家庭供暖，丁烷用于打火机。

尽管发现和提取化石燃料有许多困难，美国能源情报署（EIA）仍然预计，到2025年，随着住宅和商业用途，以及发电需求的增加，天然气的需求将呈现持续上涨的态势。其报告中称，工业生产主要使用如下几种燃料：石油，占45%；天然气，占37%，煤炭，占9%；可再生能源，占9%。除非有新的可持续技术得到业界及公众普遍的认同，否则能源情报署预测到2025年这些能源的使用状况依然会维持现状。

天然气在运输业没有发挥很大的作用，但天然气汽车的支持者认为这一能源可以起到节约石油的作用。天然气与汽油类似，都是通过燃烧产生能量，因此将其作为燃料使用的技术早已存在。一些早期的试验表明，如果使用天然气为汽车提供动力，需要非常大的燃料箱。因此，科学家们在研究占用更少空间的新型天然气。液化天然气（LNG）就是将天然气冷却至某一温度，使其以液态的形式存在，就会占用比气体更小的体积。而将天然气储存在高压中，就形成了压缩天然气（CNG），同样也可以减少其体积。

目前，压缩天然气汽车的数量已经超过了液化天然气汽车，但任何一种类型的天然气汽车的销售量，都已经在天然气泵极度有限的现状下遭遇困境。不仅如此，如今天然气汽车的行驶距离也小于汽油动力车。

生物形成的天然气，即沼气，则是由除去天然气液体甲烷构成（其中"生物"一词可能会产生误解，因为传统天然气也是经过亿万年的生物途径形成的）。沼气是有机物在微生物催化下，发酵产生的。粪便、垃圾填埋场、污水处理厂都可以产生沼气，可以和使用天然气一样的方法对其加以收集和使用。

北美洲最大的废物转移公司——废物管理公司，已经开发了一项工程，收集垃圾填埋场的沼气，然后将其转化为卡车的燃料。该公司打算利用德国开发的技术来净化沼气，然后将其冷却至 −260°F（−163℃），使气体变为液体。2008 年，公司副总裁肯特·斯托达德（Kent Stoddard）表示，"我们是从垃圾填埋场得到了宝贵的资源"。因此，垃圾填埋场和污水处理厂很可能会成为新一代的汽车燃料供应地。

新一代的混合能源

在不久的将来，混合燃料车必将成为替代燃料汽车市场的引领者。电动 - 汽油混合动力技术可以通过加入一个电池，对汽车上的内燃机进行微小的改造，就像普锐斯那样。因此，汽油公司也可以继续销售现有的汽油。但是，汽车制造商和石油生产者身边仍然会发生悄无声息的变化。类似普瑞斯这样的混合动力车，1 加仑汽油可以供其行驶 45 英里（相当于 19 千米 / 升），这是传统汽车所无法比拟的。对于购买可以保护不可再生燃料的私人汽车，尤其

原型车让汽车产业和公众认识到了未来新型车的造型理念。如图所示的阿普泰拉 2h 是一辆柴油 - 电力混合动力车，预计将在 2010 年上市，现在已经开始接受预订。（Aptera）

在汽油价格不断上涨的今天，全世界各国人民都表现出越来越浓厚的兴趣。

汽车工程师们身负重任，需要不断改进混合动力型汽车，以提高其销售量。新的混合动力车将可能有电池 - 汽油或燃料电池 - 汽油模型，或是天然气或替代汽油的生物气汽车模型等。所有这些车型都需要专门的加油站，不过由于燃料里程数有所提高，加油站的数量会减少。同时，电池必须做得更轻，并有更长的使用寿命。

灵活型的燃料汽车，也为混合动力技术提供了一个新的选择，它的汽车引擎可以使用任何浓度的汽油 - 乙醇混合燃料，乙醇浓度可以为 0~85%。EPA 估计，现有 600 多万辆灵活型燃料汽车在美国公路上行驶。美国三大汽车制造公司在美国销售了约 40 个不同的车型，在欧洲和巴西也卖出了很多。除了三大汽车制造公司外，其他灵活燃料汽车的主要制造商有雪铁龙、菲亚特、本田、五十铃、科尼赛克、马自达、奔驰、三菱、尼桑、标致、雷诺、萨博、丰田、大众、沃尔沃，等等。

虽然一些汽车制造商似乎已经放缓了这种非单一化石燃料汽车制造的脚步，但业界一直在努力弥补失去的时间。在 2009 年的底特律国际汽车展览上，米其林公司公布了 2010 年米其林设计挑战大赛的思路："在这一汽车变得更节油和更注重驾驶者体验性的时代，我们宣布 2010 年全球汽车设计大赛暨米其林设计挑战赛（MCD）的主题为'电气化！美观、创新与光芒四射'。"米其林的标语可能无意中透露了新一代汽车所遇到的阻碍——尽管电力能源是 2010 年设计挑战赛的主题，但其外观也是同等重要的。任何新技术，不管对环境有多么的好，也必须符合消费者的品味。

小　　结

汽车和卡车对空气污染产生了很大的影响，并导致气候发生变化，因此新的车辆和燃料技术代表了减小人类生态足迹的两个最重要的方面。这些新技术必须对此作出快速的反应，因为汽车销量一直稳步上升，尤其是在那些人口繁多、经济增长强劲的国家。运输产业必须加紧寻找新的清洁替代燃料。

何种类型的替代燃料汽车会取得长期的成功，主要决定于科技的发展给我们带来了何种新的非化石燃料。早先时候，从玉米中提取酒精作为替代燃料的尝试一直都很完美，直到经济学家和人道援助机构意识到其带来的全球食物供给问题。各国政府、农业政策制定者，以及自由贸易市场必须找到一种方法，在不影响世界粮食生产的前提下，提供新生物燃料。

未来的替代燃料可能会是如下几种之一：从多种作物或生物中提取的生物燃料，可用于私人汽车的天然气，以及能够代替传统电池的新一代燃料电池。氢燃料电池已经获得了一定的成功，企业家们也正在研究生物燃料电池，使其产生清洁、有效的能量。这些计划能否实现，很大程度上取决于汽车制造商设计可替代燃料汽车的意愿。

或许取代具有百年历史的汽油燃料汽车的新一代汽车，所依靠的不仅仅是技术本身。因为在工业化国家，司机对他们的汽车有着很强的依赖，汽车行业也了解在引入洁净汽车技术的同时，必须迎合汽车购买者的品味。在政府领导人、经济学家和环境科学家的合作支持下，交通运输行业一定能够创造出一个道路交通的新时代。

生 物 炼 制

　　生物炼制是指从植物成分中提取生产液体燃料。生物炼制技术已成为环境科学中一项重要的技术，主要是由于人类对于石油贪得无厌的渴望。全球的石油公司每天产出约8300万桶石油，即便如此，全世界每天的石油消费总量仍远远超出目前的生产量100 ~ 200万桶［每桶合42加仑（159升）的石油］。

　　2004年，《美国国家地理》杂志作家蒂姆·阿彭策尔（Tim Appenzeller）指出："人类的生活方式必将与地球拥有有限的石油资源供应这一严酷事实发生冲突。"虽然在大陆和海洋底部仍有着巨大的原油储量，但是易于开采的石油资源都已经得到了不同程度的开采。每开采一个新的油田，已经变得越来越困难，并且要付出更大的代价。对于地球上还有多少石油可供我们开采，石油专家各持己见。在美国地质调查局（USGS）工作的英国石油专家科林·坎贝尔（Colin Campbell）预测说，如果原油产业仍保持目前的全球化步伐开采的话，石油供应的峰值将会出现在2016~2040年。但是，沙特阿拉伯的石油地质学家萨达德·侯赛尼（Sadad al Husseini）已经计算得出，这一峰值将会比预期来的更早。世界石

通过在里海进行石油开采，阿塞拜疆已位居全球石油产量的第22位（每天产量1 099 000桶）。如图所示的阿塞拜疆油田已经完全被开采完了。废弃的油田一般有两种命运：要么停止开采并将油田填上，要么将其改造成天然气储存地。

油供应的峰值将成为影响未来世界的关键因素，因为当达到峰值之后，廉价的石油供应将不复存在，取而代之的将是昂贵的石油供应，以及可预见到的产量下降。

地球物理学家哈伯特（M. King Hubbert）早在1949年就提出了世界石油供应将在一代人的寿命期间内达到峰值的想法。在一篇名为《化石燃料能源》的文章中，哈伯特描述了从20世纪全球人口以前所未有的速度增长以来，我们所面临的煤炭、石油和天然气资源现状："这些我们正在目睹和体验的事件，是地球有史以来最不正常最大的灾难。然而，我们并不能后退，更不能停步不前。事实上，我们没有任何选择，只能为着一个与我们目前所经历的完全不同的未来而努力。"许多环境保护人士都注意到了哈伯特的恐怖预言，但一般人不到万不得已不会采取任何措施。总会有一天，生物炼制将会得到与今天我们对石油工业同等的重视。

美国需要在逐渐逼近的全球石油供应高峰到来前开发新的能源技术。领导人所担心的，是全球最大的石油储量在中东地区，而那里是一个令人忐忑不安的政治敏感地区。美国可以通过两个方向的努力来减轻未来石油需求的危机：开拓新的国内石油储备，或者在替代燃料的新技术开发中取得重大进展。生物炼制正属于后者。生物炼制可以从固体、液体油脂或废物中生产替代能源。本章将会讨论与常规炼油相比，生物炼制所处的地位。我们将讨论当今的炼油业，以及炼油厂转为经营生物炼制，必须加以考虑的诸多因素。除此之外，本章还包括了其他的一些主题，包括炼油业已经对炼油工艺带来的影响，以及对未来生物炼制可能带来的影响等。这些主题有管道管理、美国能源部（DOE）以及炼油经济等。

今日的炼油工业

目前，全球石油炼制工业不仅为轿车、卡车、公共汽车、飞机、船舶等提供燃料，还为道路沥青、家庭取暖、润滑油、塑料原料及石化行业等提供必要的原材料。随着全球经济转暖，对石油产品的需求也日益增加，以满足国际化的交通以及人口的不断增长之需。

这些不断增长的需求，促使石油工业成为了世界上最主导的产业。然而，由于这一行业的利润源自石油——这一越来越难从地球上获取的不可再生资源，我们可以毫不犹豫地预测石油价格将呈现稳步上涨的态势。一旦石油价格超过了企业和公众能够承担的购买力，石油工业也将必然无法维持其目前的经营方式。

除了石油储备的不断减少，原油开采的越发困难，石油炼制技术也表现出了难以满足全球石油需求的迹象。2005 年，侯赛尼在一次与石油峰值研究会（ASPO）的史蒂夫·安德鲁斯（Steve Andrews）的访谈中解释说："目前最大的限制并不是石油生产，而是石油加工技术。正如美国能源部报告称，全世界的炼油能力仅为大约 84 MMbd（每天百万桶石油），不仅缓慢，而且耗资不菲。"出于这个原因，侯赛尼预计说："在 2015 年，石油产量将在 90~95 MMbd 的水平止步不前。即使进行一项全球范围内的炼油厂快速扩张计划，也不能在 2015 年前满足以每年 1.5% ~2% 的速度增长的全球石油需求。"侯赛尼一直坚持他的预测，并赢得了众多能源专家的肯定。

美国早已进入一个石油赤字的窘境。早在 20 世纪 70 年代就已经达到了石油生产的高峰。从 20 世纪 40 年代以来，也就是世界石油产量接近平均每天 20 万桶的时候，美国的平均石油日产量就在日益下滑。到了 20 世纪 90 年代已经降为每天 77 000 桶。即便是非科学人士也早已认识到石油产量很可能在 21 世纪进一步下降。

由于美国石油产量的下降，政府领导人还提议开辟位于保护地区未开发的石油储备，如国家公园、野生区、海洋保护区等。2008 年，布什总统宣称对于海上石油钻探的限制已经过时，甚至可能适得其反。加利福尼亚州州长阿诺德·施瓦辛格赞同说："我们之所以处于目前这一困境，是因为我们过于依赖传统的以石油为基础的能源。"但是政府最终提出了不同的方案，通过提倡新技术和为消

汽车使用的主要替代燃料		
燃料	来源	描述
生物燃料	食品产业的植物油及动物脂肪	可以替代汽油及柴油，产生的污染更小
乙醇	玉米和其他农作物	储量大并且产生的温室气体少
氢气	煤炭，核能，水能等可再生资源，燃料电池	燃烧仅仅产生水和无害气体
天然气	在石油储存地附近发现的化石燃料	相对于汽油和柴油造成的空气污染和温室效应较小
丙烷（液化石油气）	原油炼制	相对于汽油和柴油造成的空气污染和温室效应较小

煤炭占了全球能源消费的 27%，并且美国能源信息委员会（EIA）预测，到了 2030 年这一比例会到达 29%。亚洲相比于世界其他地区消耗了更多的煤炭，因此造成了亚洲很多工业城市的严重污染。尽管煤炭开采和燃烧会造成污染，但因为其储量大且花费少，很多国家依然在使用。未来对煤炭的使用将依赖于研发新的无污染燃烧技术以及将煤炭转化为其他形式的燃料。（Tom Weiland）

费者提供新型燃料等措施，取代了钻更多的石油钻井。而这一重大责任恰恰落在了炼油行业上。

炼油产业有着非常广阔的未来。虽然世界石油储量还没有干涸，但毕竟他们正在一点一点的消失殆尽。根据之前对未来石油生产的预测，炼油厂必须从现在起就开始计划替代燃料的生产。炼油业有可能从两个方向缓解现有的燃料问题：生物炼制与传统石油炼制的创新。无论通过哪一种方法，最终的目标都是寻找不依赖石油的燃料。上表中介绍的替代燃料就有可能在 21 世纪取代原油。

随着世界石油产量接近顶峰，石油行业研究人员已经开始着手调查列表中的生物燃料与替代能源。两大调查包括煤 - 油加工和焦油砂处理。煤矿在自然界中依然有着丰富的储量，而煤 - 油加工方法就是将其在高温高压下转化为一种液态的燃料。但是，一些煤 -

油加工方法又有着成本高、废气排放量大的缺点。而在加拿大西部有大量沙子，其中含有丰富的焦油——一种石油中含有的物质，并随着地壳运动迁移到了地球表面。加拿大的这些焦油砂经过提取之后，可以转化为石油，但这一过程需要耗费大量的水和能量。无论是煤-油加工或是焦油砂处理都需要经过长时间的研究。他们也许无法从根本上解决石油问题，但是或许会在未来的某天为日益减少的石油储备提供补充。而生物炼制业则希望能够赶在司机依赖煤或焦油之前开发出新的替代燃料。

建立一个崭新的石油提炼的未来，是毫无捷径可走的。尽管不止一个方法可以重新改变炼油业，以满足全世界巨大的燃料需求，但是每一种都十分昂贵，并且还需要迅速满足研究和实验的需要。下页工具栏"美国能源部"介绍了这一政府机构是如何对美国未来的能源作出决定的。

输 油 管 道

在美国与全世界各地，输油管道将原油从钻探地点运送至油轮或直接送至炼油厂，或者是将天然气输送至天然气精炼厂。每一天，都有数千艘油轮承载着数十亿加仑的石油横跨大洋，因为在那里并没有输油管道。虽然船舶和管道有时会发生意想不到的泄露，但考虑到他们能将大量石油输送至遥远的地方，石油运输一直以来还算是基本安全的活动。

在美国，跨阿拉斯加管道系统（TAPS），北起北极圈附近的阿拉斯加北坡普拉德霍湾，南到瓦尔迪兹港，绵延了整整808英里（1300千米）。阿拉斯加人熟知的阿尔耶斯卡管道系统，共由六家不同的输油管道公司运营，而这一管道所跨越的，正是美国最大的尚未被破坏的荒原。

由于阿尔耶斯卡管道穿过了原始的荒野，环保人士对在管道

美国能源部

当吉米·卡特（Jimniy Carter）提出在总统的内阁中需要有一个独立的部门来管理国家的能源政策的方案5年之后，也就是1977年，美国能源部（DOE）正式成立。现在的美国能源部总部位于华盛顿州附近的马里兰州，拥有大约14 000名雇员。在能源部长的领导下，美国能源部主要有三个职责：①调节国家能源的供给和使用；②领导针对能源保护和替代能源开发等问题的研究；③管理国家核武器的生产和分布。

美国能源部的科技项目资助了很多方面，但大多数集中在气候变化和全球变暖的相关问题，如温室气体的研究。其也负责处理美国石油日益恶化的供不应求的问题。

美国能源部希望通过研发生物能（bioenergy）和其他可再生能源来缓解石油生产和消耗之间的严重不平衡问题。研究的一部分关注于如何将生物能以最有效的方式转化为液体燃料。其提出，研究的重点不应仅限于将生物能转化为碳氢燃料来模拟石油，还应包括微生物资源、如将煤炭转化为其他形式燃料的热化学反应以及先进的化学催化技术。作为该项研究的一部分，其强调现有的石油精炼技术必须在上述几个方面取得突破。

2009年，美国总统奥巴马任命斯坦福大学物理学家史蒂芬·楚（Steven Chu）为新一届能源部长。就像其以前的工作一样，美国能源部被赋予执行总统的国家能源政策的重任。新的国家能源政策强调可再生能源，因此美国能源部必须重点进行替代资源和可再生资源技术的开发。接受任命之后，史蒂芬·楚面对《华盛顿邮报》的采访表示："我和平常人一样关注气候的变化，也变得越来越担心。我们许多优秀的科学家现在意识到这会慢慢成为一场危机。"美国能源部将会尽其前所未有的努力来解决气候变化的问题。

图为跨阿拉斯加输油管道位于阿拉斯加州北极平原的库帕鲁克的一段。2006 年，该段管道破裂并导致 270 000 加仑（100 万升）原油泄漏到普拉德霍湾中。清洁队伍在 − 63°F（− 52.8℃）的环境中对冻成块的石油进行清理。这一泄漏事件重新引发了针对在阿拉斯加北极国家野生动物保护区（ANWR）内开采石油的辩论。
（William Breck Bowden）

的规划和建设中的诸多问题进行关注，并持续了长达 40 年之久。2009 年，《奥杜邦》杂志中一篇文章说，自从 1968 年普拉德霍湾发现石油以来，跨阿拉斯加输油管道已经遍及东部、西部和近海，输送了数十亿桶的原油。北坡的 19 口油田，绵延跨越了数千平方英里（2590 平方千米）的苔原和湿地。中央北极油田的道路、管线、钻井垫、飞机跑道与其他基础设施等已覆盖了超过 9000 英亩（2590 平方千米）的苔原。当然，阿尔耶斯卡管道系统的支持者对该项目的效益进行了论证，后面的工具栏"案例分析：阿拉斯加的石油经济"对这一问题进行了讨论。

跨阿拉斯加输油管道还远不是全世界最长或最具争议的输油管

道系统。世界上最长的德鲁日巴管道，从俄罗斯中部到东欧及德国，有 2500 英里（4000 千米）。第二长的线路，巴库 - 第比利斯杰伊汉石油管道，从里海到地中海，延伸了不到前者一半的距离（1099 英里，1768 千米）。对于世界上最大管道的容量估计有相当的困难，因为国家政府与石油公司往往对他们管道的细节对外保密。由于如下的原因，他们对管道建设和容量改变的各项信息严格保密：①避免恐怖袭击的安全考虑；②针对世界石油供应价格波动的商业决定；③作为一种保护措施，以防环保主义者对新管道建设的干预。

美国的天然气管道网也是令人印象最深刻的工程成就之一。天然气从墨西哥地区的得克萨斯 - 路易斯安那湾、俄克拉荷马州、得克萨斯西部与西弗吉尼亚、俄亥俄、宾夕法尼亚州等主要蕴藏地沿地下管道运至 48 个州。这一管道系统包括了位于 28 个州的大容积地下储存设施。美国利用如下三种主要方式存储天然气：①枯竭的天然气或石油基地；②盐洞穴；③天然地下水库的含水层。在一些极端的情况下，被遗弃的煤矿也被改造成天然气储存设施。

每种天然气存储方式都各有优劣。从 20 世纪 80 年代起，由于稳定性与易于注入和取出气体等优势，盐穴储存得到了越来越多的应用。含水层就需要额外的准备工作，以确保深部岩层可以防止天然气泄漏而污染附近的地下水资源。无论运用哪种储存方式，最终消费者都需要为储存所带来的费用买单。

而很长距离的跨越国际边境的管道，往往会由于政治因素增加事故泄露与遭受干扰的危险。因此，国家能源委员会对下列特殊事件进行处理，以确保管道安全：

- 由于老化导致的断裂和泄露
- 地震、洪水、冰冻或暴风雨造成的损害
- 管道附近的战争或武装冲突
- 国际边境线附近的争端冲突

环境科学家们还对管道给野生动物迁徙带来的干扰表示高度关

注。阿拉斯加的驯鹿每年要进行全球范围内最大型的野生动物迁徙，而跨阿拉斯加输油管道计划的初期，环保人士就开始担心该计划是否会改变驯鹿的迁徙路线，继而造成冻原（tundra）生态系统的

案例分析：阿拉斯加的石油经济

阿拉斯加的经济部分依赖于世界石油市场。阿拉斯加的石油产量为每月2000万桶，不仅可以满足美国10%的使用，还出口到亚洲的一些国家。因此，阿拉斯加需要在两个完全对立的利益中进行平衡：一方面阿拉斯加蕴藏着国家所需的巨大石油资源，另一方面，在其油田附近还分布着全国最大的未被破坏的荒原。那么阿拉斯加能在开采石油的同时，不对环境造成损害吗？

阿拉斯加的主要收入来源为：石油与天然气，木材，渔业，矿产和旅游。根据州商会的数据，石油和天然气产业创造了大约34 000个岗位，并在2008年为州政府带来了100亿美元的税收，是2007年的两倍之多。而每一位阿拉斯加居民也因为政府对石油税收的投资，每年都会获得1000~2000美元不等的收入。

由于石油资源给阿拉斯加带来了巨大的财富，当地居民和政府领导者都愿意提高石油公司的石油开采税，但必须注意不能将税收标准制订的过高，以免石油公司继续开发新的石油资源。2008年，阿拉斯加石油与天然气组织的玛丽莲·克里凯特（Marilyn Crickett），代表石油和天然气公司在《西雅图时报》上评论说："从投资者的角度来讲，阿拉斯加已经不适于进一步的投资开发了。"简单来说，阿拉斯加既需要石油产业，也需要采取相应措施支持石油开采。

一些对化石燃料强烈拥护的阿拉斯加人甚至质疑全球变暖是否真的存在。《阿拉斯加标准报》（Alaska Standard）的专栏记者丹·费根（Dan Fagan）已经开始使用"全球变暖的狂热信徒"等一系列的词语，并且认为所有有关

严重破坏。为了减少给野生动物带来的潜在危害，管道系统分为了23 节填埋段，500 多节抬高段（10 英尺，3.3 米），方便驯鹿及其他野生动物跨越。既便如此，环保主义者还是更希望这些管道从未

气候变化的问题都是"歇斯底里"的问题。然而，还是有一些当地居民担心石油开采会影响到未开发的土地。阿拉斯加商务部将自己的任务定为保持现有的能源系统，并开发可持续利用的、对环境无害的新能源。其现在支持的研究项目包括：燃料效能、生物能源、地热能源、水电能源、海洋能和核能、太阳能以及风能。

图为跨阿拉斯加管道系统在阿拉斯加的布鲁克斯以及楚加奇山的一段，仅为从普拉德霍湾的油田到瓦尔迪兹港的全程中的一小部分。管道系统代表了阿拉斯加的居民与石油间的紧密联系。阿拉斯加的经济很大程度上依赖于其自然资源渔业、木材、野生动物、原油和矿物。（Southwest Research Institute）

被建造过。奥德班（Audubon）于 2009 年指出："阿拉斯加鱼类与野生动物部早在 20 世纪 90 年代早期就发现，与同一群远离油田的驯鹿相比，居住在油田附近的驯鹿的毛皮产量大大下降。"其他灾难，如不时发生的管道泄漏和泵站电力机械故障，也给环保主义者的心蒙上了巨大的阴影。

安装在阿尔耶斯卡管道的监视器，试图确保任何泄漏能够得以迅速控制。与此同时，环境科学家继续研究管道对野生动物带来的影响。然而，不幸的是，对于穿越俄罗斯、西伯利亚及欧洲东部雨林的输油管道对环境带来的影响，我们则无从知晓。

管道可能对未来所有的燃料来说都是必要的，甚至包括非化石燃料。也正是由于这个原因，管道规划师和工程师必须与生态学家共同努力，开发出对环境影响最小的管道结构，使其为人类服务的同时还能够保护我们赖以生存的自然。而对全世界的管道所在地的环境进行安全检测也是必不可少的。

阿拉斯加的替代能源项目还处于发展早期阶段。前阿拉斯加参议员特德·史蒂文斯（Ted Stevens）在 2008 年强调说："阿拉斯加有很多发展替代能源的机会，但是都需要大量的资金投入来实现。"同时当地的一些小规模组织已经在讨论投资替代能源项目的问题，有的企业家甚至已经开始出售可以将燃料效能最大化并对环境无害的装置。但是现在，大多数阿拉斯加人还是认为石油比可再生能源有利可图。

生物炼制过程

生物炼制是指使用生物材料生产燃料，以替代汽油或柴油的生产方式。所使用的生物材料通常由生物体或植物油组成。生物炼制产业也利用了以化石燃料为起点的技术，但与传统过程相比，其效能更高，污染更小。

有机制或动物粪便可以转化为浓稠的黑色液体，生物炼制工业称其为生物油。生物炼制商通过加热生物材料直至其分解为碳氢化合物来制造生物油。这一加热过程称为热解，同样适用于制造天然气。生物炼制商通常采用闪电热解法来生产燃料，即在很短的时间内加热到非常高的温度。加热时释放出蒸汽，之后冷凝成与石油中类似的油状碳氢化合物。之后的步骤，就与常规炼油大同小异了。迄今为止，生物油作为加热燃料与石化工业原料，发挥着最佳的性能。除此之外，生物炼制商还收集制造生物油过程中产生的气体，并通过进一步加工使其成为额外的能量来源。

自从 20 世纪 80 年代以来，来自大豆、棉籽、棕榈、向日葵、麻风树的植物油，与餐厅煎炸用油或油脂废物一道，已经在现代轿车和公共汽车上作为燃料进行了试验。我们将生物油的加工场所称为生物反应器，可以生产出 50 000 加仑（189 270 升）生物油，其中包含了符合政府规定用作汽车燃料的碳氢化合物混合成分。先将容器加热并加入原料油，之后加入丙烷与少量的水，就可以得到液体燃料。为使这一进程获得最大效益，生物炼制商努力使植物油或油脂更易处理并转化为燃料。为了达到这个目的，他们使用了两种方法，要么使用更稀的油对其进行稀释，要么对其中较稠密的组分进行化学处理，改变其中的碳氢键而使其具有更多的液态特性。按照这些步骤，新的燃料就可以在内燃机中使用了。

由于所含碳氢化合物组分不同，生物柴油与其他生物燃料截然不同。依据来源与生产方式不同，生物柴油又可分为两种。其一，纯生物柴油，亦称为 B100，通过生物体提炼所得，并仅能用于柴油发动机。其二，混有石油的生物柴油，可以用于各种发动机。后者又细分为各种不同比例的生物柴油 - 石油混合燃料。例如，B5 代表了 5% 的生物柴油与 95% 的石油，而 B20 则代表了 20% 的生物柴油，依此类推。所有用于传统柴油发动机的混合生物柴油均得到了 EPA 的批准。

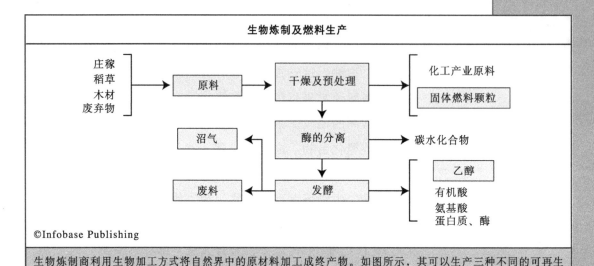

生物炼制商利用生物加工方式将自然界中的原材料加工成终产物。如图所示，其可以生产三种不同的可再生燃料，即固体燃料颗粒，用于产生生物能；乙醇生物燃料，以及生物气燃料。生物炼制过程同样可以产生不含化学物质的农业用肥料以及其他有机产品。

生物柴油生产最主要的步骤是酯交换（transesterification）反应，即通过催化剂改变油中的脂肪结构。生物柴油炼油厂通常依赖如下的原料油：大豆、葵花籽、油菜籽，餐厅煎炸用油或脂肪油脂等。酯交换除了生产生物柴油之外，还会带来甘油等副产品。而甘油通过深加工生成的甲醇，可作为生物炼制厂自身使用的燃料。去除甘油之后，生物炼制商对生物柴油进行进一步纯化，去除水、未反应的油脂及少量多余甘油等杂质。

纯生物柴油发动机将减少三分之二未燃烧的碳氢化合物、约50%的一氧化碳和颗粒物排放量。然而，与传统燃料相比，纯生物柴油和生物柴油混合燃料产生更多的氮氧化物。生物柴油的其他缺点还包括有限的可用性，以及生产原材料所需的大面积场地。除此之外，即便像环境保护意识相当强的加利福尼亚州等地区，使用生物柴油的司机已经由于缺少相应的加油站而苦不堪言。2007年，一位来自加州奥克兰的居民乔纳森·奥斯汀（Jonathan Austin）告诉《旧金山纪事报》记者说："你必须提前做好加油的计划，而不能像以前那样可以在任何加油站加油。"从奥斯汀提出投诉以来，

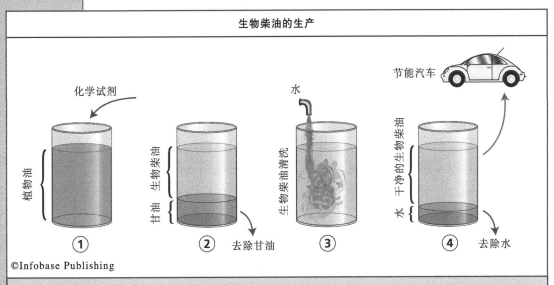

生物柴油的生产

化学试剂

植物油

甘油　生物柴油

水

生物柴油清洗

节能汽车

水　干净的生物柴油

① ② 去除甘油 ③ ④ 去除水

©Infobase Publishing

餐厅的煎炸用油可以作为生产生物柴油的原材料。将碱和甲醇加入其中从而使其中的脂肪裂解为生物柴油的前体和甘油。经过去除甘油和水洗滤去杂质，纯净的生物柴油就生成了。但通常还需要最后一个步骤—干燥，就是将燃料储存一段时间，以使其中剩余的杂质靠重力作用沉淀下来。这样生物柴油就可以被各种汽车使用了。（John Blanchard，*San Francisco Chronicle*）

生物柴油加油站的数量略有增加。与此同时，生物炼制厂往往使用能够制造最多燃料的特定原材料。每英亩（0.004 平方千米）油菜种植土地产出的芥花油可产生高达 150 加仑（568 升）的生物柴油；而每英亩向日葵产出大约 100 加仑（378 升）；大豆则是 50 加仑（189 升）。

　　生物炼制业并未达到目前石油精炼如此大的数量和规模。在过去几年，生物炼制业在很大程度上将自己局限于乙醇燃料的生产，但大规模乙醇生产的弊端促使各厂商开发燃料制造的新途径。为了满足环境、经济与新车型的要求，美国能源部（DOE）和政府领导人必须迅速制定一个针对替代燃料的计划。

生物炼制产业的前景展望

正如 2007 年《旧金山纪事报》记者迈克尔·卡巴那端（Michael

Cabanatuan）所指出的那样，生物炼制业年轻而弱小："生物柴油多年来一直深受广大中西部和南部农民的喜爱，在那里天然豆油有着广大的用户群体。然而现在，其在西部地区的发展遇到了非常大的阻力，只有那些喜欢自己酿造燃料和强制自己不用石油的人才会使用。"家庭生产永远也不能成为通往替代燃料的未来之路；EPA也不批准其在公共道路上使用，主要基于如下两点考虑。首先，家庭自制燃料可能不符合制造标准，因此，EPA也无法估计其给空气污染带来的影响。其次，家用燃料生产是极其危险的，因为容易导致爆炸等危险情况的发生。

来自投资者和美国能源部门的数百万美元已经用于生物炼制业的进一步发展。能源部的拉里·鲁索（Larry Russo）介绍说："我们的确需要做些前期的课程研究，但我们更需要的是与我们的合作伙伴进行试点测试，然后对其进行规划以吸引更多的融资。"虽然试验田完全模仿真正的生产用田，其规模终究小得多，仅仅是为了调试系统和寻求提高效率的更好方法。

2008年5月，国会通过了《食品、保护及能源法案》（Food，Gonservation，and Energy Act），即我们所熟知的《2008农业议案》（2008 Farm Bill）。该议案对不同的项目总投资达10亿美元，这些项目包括生物燃料、生物能和扩大生物炼制的技术等。大型石油企业也投资于生物炼制技术中心，以加速其发展。尽管针对生物燃料的研究活动日益增加，生物炼制的将来依旧是一个未知数。即使是最博学的替代燃料专家，也无法预测究竟哪些燃料可以真正替代汽油和柴油。

生物炼制必须解决的问题之一来自其副产品——制作过程中积累的大量甘油。虽然甘油并不构成任何危害，但终究要有所处理。一部分过剩的甘油（又称丙三醇）可用于其他工业，如制造香皂、保湿剂、兽药抗菌配方、人类药物载体等。科罗拉多州立大学的一位化学工程师肯奈特·里尔登（Kenneth F. Reardon）在2007年对

美国乙醇生物燃料产业的发展主要是由于作为其原材料的玉米广泛种植和收获。玉米杆可以作为生产生物能源的材料。这也使得一些农民和经济学家想到可以用其他植物，如柳枝稷，作为生产乙醇的原材料，因为其相对于玉米来说更易种植。

《纽约时报》的记者介绍说："炼油厂为其他产业生产多种原料，生物炼制也如此。生物炼制究竟路在何方，一切终须在实现之后才能盖棺定论。"大型生物炼制厂需要很长的时间才能建造完善，而且他们必须对甘油的新用途加以考虑。这仅仅是生物炼制产业所面对的巨大挑战的缩影。现如今，没有人知道生物炼制是否能够及时克服如此巨大的障碍，并对全球替代燃料的供应作出重要贡献。

小　　结

生物炼制在确保新的替代燃料汽车能够成功中发挥了核心的作用。除非替代燃料可以像如今的汽油一样普遍，否则其前途仍然问题重重。这其中，工程师所肩负的责任重大，因为他们设计的生物炼制工艺一定要满足司机对燃料的需求。这是一项十分艰巨的挑战。尽管今天的石油公司是世界上最大的商业企业，但是石油产量还是无法满足人们对化石燃料日益增长的需求。生物炼制因此面临着双重挑战，既要寻找将农作物转化为燃料的最佳技术，又要使生物燃料的大规模生产成为可能，以满足世界燃料需求。

就目前来说，生物炼制的目标是用最佳的原材料，以最快和最便宜的方式生产出生物燃料。生物炼制比传统炼油产生较少的空气污染，但其产生的大量副产品仍然是个问题。此外，生物炼制还必须与政府合作，制定新的计划，以便让生物燃料可以在公共交通中被定价和使用。

生物炼制的未来与现在汽车制造商开发新的替代燃料汽车的目的有着紧密的联系。没有人知道生物燃料能否取代化石燃料，或者生物燃料是否仅仅成为联系原油与燃料电池或全电动汽车的一座桥梁。为了解决不断增长的生态足迹带来的世界危机，生物精炼还将与其他技术共同发挥作用。在建设一个可持续发展的社会大业中，生物燃料的作用究竟是重于泰山，还是轻于鸿毛，是影响深远，还是收效短暂，这一切，都要待生物炼制工业来做出回答。

清洁能源的创新

清洁能源是指那些不产生有害废气，不损害人类和生态系统（ecosystem）的健康，并且不会在开采时破坏环境的能源形式。燃煤电厂（coal-fired power plant）和燃油车辆就不符合这一概念。清洁能源与可再生能源已成为同义词，但不同的是，清洁能源也可能来源于化石燃料，只要其能够以不损坏环境的方式提取、处理和燃烧。

EPA 提供了一个在线计算器，帮助人们了解自己所使用能源的清洁程度。这样的计算服务，提供了一个非常好的出发点，帮助人们了解能源的消耗与废物排放是如何影响我们生活的。该计算器因生活区域不同而异，这是由于某些地区完全依赖燃煤发电厂，而另一些区域却主要依靠水电站。这两种能源在计算清洁能源时有着不同的权重值。与此同时，该计算器以不同的区域代码及个人生活方式，对个人产生的二氧化碳、二氧化硫、氮氧化物的总量（以磅为单位）进行估计。每一位用户还可以了解到其自身的排放与全国平均水平相比究竟处于什么样的地位。例如，一位美国居民每年可能会在使用能源过程中产生下列典型的温室气体：

- 二氧化碳：每兆瓦时（兆瓦时，MWh）1400 磅（635 千克）
- 二氧化硫：每兆瓦时 6 磅（2.7 千克）
- 氮氧化物：每兆瓦时 3 磅（1.4 千克）

清洁能源在保护环境的同时还减少了导致全球变暖的气体排放。清洁能源还节约了不可再生的能源，减少了化石燃料在勘探和开采过程中对环境带来的危害，并最大限度地减少了人类和野生动物暴露于大型能源生产厂的机会。

本章介绍了重要的清洁能源，及其在我们日常生活中发挥的遏制全球变暖的重要作用。本章还介绍了清洁能源领域的创新技术。而在本章的开头，回顾了替代能源运动的诞生。接着介绍了风能、水能、太阳能、地热能、核能以及燃料电池发电等清洁能源的具体应用。而对每一能源的讨论都包括了优点和缺点两方面内容。本章着重强调了碳的管理，并解释了人类的活动如何不可避免地与地球碳循环（carbon cycle）发生千丝万缕的联系。

替代能源的萌芽

1900 年之前路上跑的还都是马车，而以蒸汽机为动力的玩意儿只在很罕见的场合才会出现。到了 20 世纪初，德国工程师卡尔·本茨（Carl Benz）开始着手制造完全由汽油内燃机作为动力的汽车。这一发明比蒸汽机产生了更大的动力，并且更容易控制。1867 年，德国工程师奥托（Nikolaus August Otto）开发了一台四冲程内燃机，并将其用于制造设备。本茨、戈特利布·戴姆勒（Gottlieb Daimler）和费迪南德·保时捷（Ferdinand Porsche）都嗅到了奥拓设计的潜在价值，他们独立工作，并合作开发出了世界上第一台汽油发动的汽车。

当发现在大陆和海洋之下蕴藏了大规模的石油资源时，之后接连数代的司机们都坚信，无论是供应他们的汽车还是家里的暖气，加油枪中的石油都是取之不竭的。但 1973 年，石油出口国组织（OPEC）——一个石油生产的全球联盟（具体见下表），将石油价格提升了 4 倍。一夜之间，如美国这样的石油进口国开始思考可以大范围长期使用的替代能源。

OPEC 成员国		
国家	地理位置	加入时间
阿尔及利亚	非洲	1969
安哥拉	非洲	2007
厄瓜多尔	南美洲	1973~1992，2007
伊朗	中东	1960
伊拉克	中东	1960
科威特	中东	1960
利比亚	非洲	1962
尼日利亚	非洲	1971
卡塔尔	中东	1961
沙特阿拉伯	中东	1960
阿拉伯联合酋长国	中东	1967
委内瑞拉	南美洲	1960
注：OPEC 最初成员为伊朗，伊拉克，科威特，沙特阿拉伯和委内瑞拉		

　　虽然发明家早已设计出了多种多样的汽车，包括电力车、电池车或汽油与非汽油混合型动力车等，但是各石油进口国才开始认为替代能源将是一个日益关键的新兴产业。在 20 世纪 70 年代，科学家发现了另一个令人不安的事实：许多石油专家估计，美国已经达到了石油生产高峰，并将在此后依赖外国资源补足差额，以满足其自身需求。与此同时，科学家还指出，全球其他地区也即将接近哈伯特曲线（hubbert curve）的顶点，而哈伯特曲线正是描绘石油供应与消费的一种直观图形。哈伯特曲线最重要的特点，是能够估计

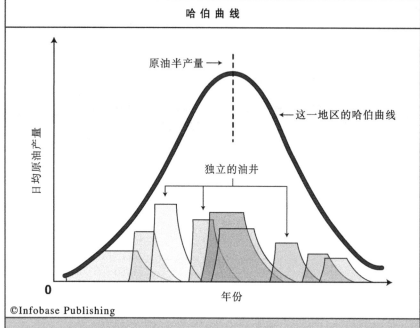

哈伯曲线

原油半产量 →

← 这一地区的哈伯曲线

独立的油井

0

年份

日均原油产量

©Infobase Publishing

1965 年，地理学家米·哈伯特利用上图所示的哈伯曲线预测石油产区何时会达到其峰产量。但是石油产业忽略了哈伯的预测。但是在 1970~1971 年，地理学家和石油专家计算得出美国已经到达其石油的峰产量。其已经耗尽了一半多的储量，剩余的储量将会更加难以发现、开采、提炼，生产成本将因此大幅提高。

某一化石燃料达到供不应求的大致时间。

世界需要有新的能源来取代现有化石燃料所占据的统治性地位，无论商业、全球政治或是地球的组成都与化石燃料有关；而这颗星球已经无法再提供更多的化石燃料，以满足人口爆炸式的增长。

现今，曾属于科学爱好者的领域已经进入了替代能源规划的阵容，水能、风能、太阳能、地热能、生物能以及氢能，都是最流行的研究领域。2007 年，《纽约时报》记者马特·里克特（Matt Richtel）提出了新能源平台说："硅谷时代也许会被 watt.com 取代。"正如计算机和互联网（各种 .com 公司）是从加利福尼亚州硅谷的业余试验开始一样，替代能源的发展也许会走上一条同样的道路。

风、浪和潮汐发电

我们以一种被动收集的模式从风、浪和潮汐得到的能量；以风或水为动力的体系不需要任何额外的能量。20世纪90年代以来，风力发电在替代能源产业中呈现快速发展的态势，从2006~2008年，风力发电连续三年增幅超过30%。波浪和潮汐发电稍逊，但相关模式的能源生产一直保持着稳定的发展态势。

当风接触风车产生能量，即成为风力发电机组。涡轮叶片转动，带动了涡轮机内的发电机。发电机通过涡轮叶片的转动，将动能转换为电能，并通过电缆将电力传输至电站并分配给用户。

商用的风力发电厂（wind farm）拥有上百台这样的风力涡轮，通常捕捉风能的最佳地点是在海岸或平原地区，因为在那里，一年四季都有着稳定的风力。尽管这是一种简单的生产能量的方案，但风力发电厂在公众的心目中依然带来了不少担忧。2006年，保护Nantucket联盟之声的发言人厄尼·科里根（Ernie Corrigan）说："在马萨诸塞州科德角（Cape Cod）要建立一个有130台风机的风力发电厂。当地政府将其作为田园风光加以出售，但那绝不是田园风光。那是一个工业项目，安装了世界上最大密度的海上风力涡轮发电机。每当夜幕降临，伴随着高大的塔楼与闪烁的灯光，水晶般清澈的场景会瞬间转变为一幅城市的图画。"截至2008年，原本计划建于科德角以南5英里（8千米）的400英尺（122米）涡轮机仍然是一个争论的焦点，最终导致了该项目的流产。

风力发电有前途吗？《E/环境杂志》（*E/The Environmental Magzine*）2009年的一篇文章介绍说："在2007年，所有新建立的5 200兆瓦级以上的发电厂中有25%利用的是风力发电。在2008年，风力发电减少了3400万吨（3100万公吨）二氧化碳的排放，相当于减少了580万辆汽车所带来的污染。即便风力发电预计在2009年和2010年能够生产3万兆瓦的电力，美国股市目前几乎还没有风能公司公开上市。

2009年，通用电气（GE）联手中国第一能源集团公司携手进军风能市场，生产风力发电机组齿轮箱。也许通用电气敏锐地认识到了美国以外风能产业的广大市场。到2020年，预计风能将为中国供应10%的能源，并减轻大量煤炭燃烧带来的巨大压力。在西班牙，风力发电占其总能量的20%，其他国家也正在接近这一水平。美国能源部（DOE）也已经起草了一份类似的计划，目标是在2030年，使风能发电也占到全美能量的20%。风力发电有着广大

可再生的风能已经展现出其产生大量便宜电能的能力。类似于图中所示的印第安纳风力电厂，大大小小的风力电厂占据了海岸边和山脊顶的大量土地。鹰在这些地区的上空捕猎，成千上万的捕食者和迁移的鸟类因为飞进了转动的涡轮内而失去了生命。生活在周围的人们也常常抱怨涡轮产生的噪声。这些劣势很可能会被新技术所弥补。(Indiana Office of Energy and Defense Development)

风、浪和潮汐能	
优势	劣势
风能	
● 有效地将风能转化为电能	● 风力小时产能也少
● 建设费用较低	● 风力发电厂需要占用大量土地
● 风是免费的	● 风力涡轮机影响风景美观
● 无污染	● 使迁移和捕食的鸟类受伤或死亡
● 建造简单	● 产生噪声
● 风力发电厂所占的土地可用来进行其他活动	
浪和潮汐能	
● 稳定的能量来源	● 仅在海边或河边有效
● 有效地将动能转化为电能	● 技术不够成熟
● 无污染	● 建造成本昂贵
● 海洋能是免费的	

的支持者，但与其他任何形式的能源一样，风力发电也存在着一些缺点，正如上表中所列出的一样。

环保人士尤其关注风力带来的可再生能源诸多好处背后存在的问题，风力涡轮会对迁徙的鸟类与在平原开阔地区捕食的鹰类带来一定的影响。一些鸟类和鹰还在早期的涡轮上筑巢，而这大大增加了成年鸟类和幼仔的死亡率。风电产业一直试图通过开发较慢转动的涡轮、采用新设计理念减少可供筑巢的面积等方法，减少此类危险的发生。最新进入市场的涡轮机每分钟转 12 圈，这样就可以让鸟类看到旋转的叶片，以免撞上。

另一方面，波浪和潮汐发电的技术尚不够成熟。美国联邦能源管制委员会（FERC）将这两类能源划分为水电（水产生的能量），利用的是水动能（hydrokinetic energy），也就是依靠水的运动获取能量。一些小公司已经开发出了新的方法来收集波浪和潮汐能，并将其应用于商业领域。

波浪发电利用了大约距离海岸 1 英里内上上下下的波浪运动。漂浮的各种装置可以捕捉波浪的动能，并运用发电机将每一次运动都转换成电能。波浪动能的捕捉主要依靠如下三种装置：①海蛇；

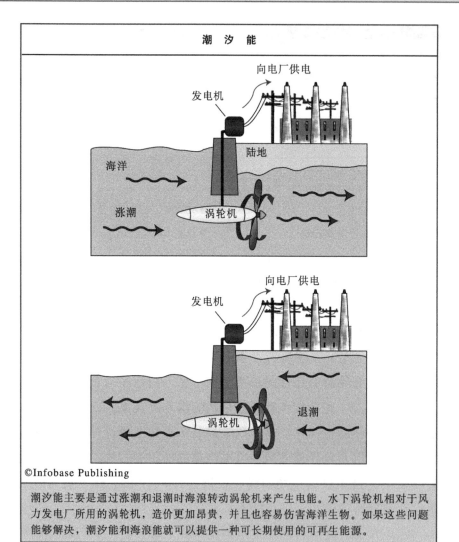

潮汐能主要是通过涨潮和退潮时海浪转动涡轮机来产生电能。水下涡轮机相对于风力发电厂所用的涡轮机，造价更加昂贵，并且也容易伤害海洋生物。如果这些问题能够解决，潮汐能和海浪能就可以提供一种可长期使用的可再生能源。

②电源浮标；③帽贝。海蛇（pelamis）是一种大型链锁装置，由交替浮标制成以便浮在水上，并连接了带有发电机的电源模块。随着海浪起伏超过了浮链，浮标来回撞击电源模块，产生足够的动能并通过发电机产生电能，沿电缆输送至地面。而电源浮标（power buoy）是一个类似于传统港口浮标一样设备。在不断的向上向下运动中带动发电机，并沿电缆输送电力。帽贝（limpet）是海岸上一种开放的汽缸。伴随着每一次波浪的冲击，海水进入容器并推动其

中的涡轮，带动了发电机产生电力。

潮汐能也来自于海洋运动，但潮汐产生的天然运动方式就提供了水动能。在水下放置的涡轮，随着潮起潮落，向着不同的方向旋转。潮汐能是一种稳定而廉价的能源，但建设这种水下发电系统耗资不菲。而且和风力涡轮机一样，水下的涡轮旋转也有可能对海洋生物带来危害。虽然波浪能和潮汐能尚未对整个电网作出实际意义的贡献，但一些支持者认为二者有着广阔的发展前景。来自加利福尼亚州帕洛阿尔托的电力科学研究院的罗杰·贝达德（Roger Bedard）介绍说："风能和太阳能都是非常分散的能源形式，因此我们不得不覆盖非常广阔的区域收集能源。但波浪则可以在一个相对较小的区域内提供巨大的能量。较小的机器显然意味着更少的成本。"而由于开阔的土地上每年都出现新的社区，这种高效率的能量方式也将会体现出越来越大的价值。

太阳能发电

太阳能是太阳产生的一种光热形式的能量，并为越来越多的家庭、学校、企业带来热能与电能，还有可能会在不远的将来为汽车提供动力。大型的公用事业公司可以收集太阳能并转化为电能提供给消费者，而建筑物也可以装配太阳能热系统将其转化为电能。

将太阳能转换为电能的主要装置是光伏电池（photovoltaic cell），也叫做太阳能电池。光伏电池的工作模式是捕捉太阳辐射，又叫做光子；捕获的光子激发相应材料分子中的电子，而电子的定向流动则产生了电流。以硅为代表的半导体类材料在光能与电流转换过程中发挥着关键性的作用。

在所有的替代能源中，太阳能在家用和建筑能源中产生了巨大的效益。太阳能更代表了一个快速增长的行业，绝大多数美国户主都可以通过预约，在一天之内在其房顶安装带有光伏电池的太阳能电池板（solar panel）。在世界范围内，太阳能装置在 2006~2007 年增加了 62 个百分点（以兆瓦计算），然而其仍不足全球能源需求的 0.05%。

太阳能业务的出现被认为是最有希望的替代能源，但在此之前，它必须克服自身的障碍，才能真正开始与石油（能源总使用量的 37%）、煤（25%）、天然气（23%）的竞争之路。与风能和海洋能类似，太阳能也需要有相应的能量存储方法，以便在需要时候利用。电力资源的存储非常困难，电池虽然可以储存少量电力，但这对于电力公司的需求而言，还只是杯水车薪。加利福尼亚州的 Ausra 等公司开发了以热能形式存储太阳能的方法，称作太阳热能，用相对低廉的成本取代了电力存储的方法。2008 年，该公司的副总裁约翰·奥唐奈（John S. Donnell）对《纽约时报》解释说，一

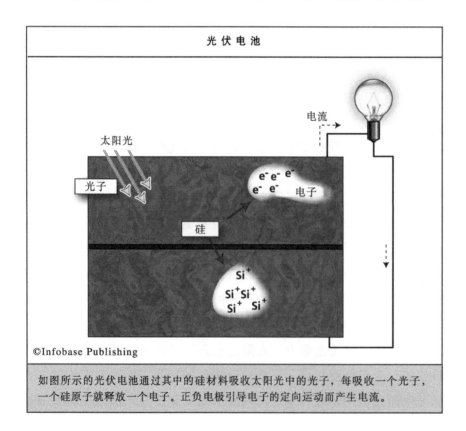

光伏电池

太阳光
光子
硅
电流
e⁻ e⁻ e⁻
e⁻ e⁻ 电子
Si⁺
Si⁺Si⁺
Si⁺ Si⁺

如图所示的光伏电池通过其中的硅材料吸收太阳光中的光子，每吸收一个光子，一个硅原子就释放一个电子。正负电极引导电子的定向运动而产生电流。

太阳能	
优势	劣势
● 阳光是免费的	● 目前费用昂贵
● 安装迅速	● 需要在 60% 的时间内能够接受到阳光
● 加入这一系统很简便	● 需要能量存储系统
● 不会产生污染	● 需要能量后备系统
● 安静	● 一些家庭使用者不喜欢太阳能电池板的造型
● 不影响土地	● 40~50 年省下来的费用才可以补足初始的购买费用
● 光伏电池可以持续使用多年	● 电池生产过程中会产生有害的硅废弃物

杯 5 美元的热咖啡和一块 150 美元的计算机电池大约存储了相等的能量。这也就是选择将太阳热能作为主要存储方式的原因。上表总结了太阳能目前具有的优势和劣势。

美国领导人和外国政府鼓励居民和企业增加太阳能的利用。各个城镇乃至整个国家都已经制定了太阳能的建设目标。在美国，一些电力公司允许太阳能房屋的业主收取费用，购买他们尚未使用的能源。而这部分能源则通过社区电网，供他人使用。即使在某些城镇，太阳能设备的安装费用高昂，甚至需要数十年才能弥补能源节约所带来的成本，居民们依然十分热衷于使用太阳能。2008 年，专为太阳能供电的纽约亨普斯特德（Hempstead）发言人迈克尔·迪瑞（Michael Deery）对《纽约时报》的记者说：“我们的首要目标是减少我们的碳足迹，为保持这个星球的美丽清洁贡献一份力量。”在当今的货币环境下，亨普斯特德的选择相对特立独行。而许多其他城市可能不会作出同样的选择，这样一来，太阳能与其他所有形式的能源一道，都需要考虑低成本、更有效的生存之道。

太阳能是否成为我们解决世界化石燃料危机的最终答案？太阳能电力的反对者指出，安放巨大的太阳能电池板（solar concentrator）需要占据大片的土地，才能够提供所需的能量。电池板可以通过三种不同的方式来安装：①一字型放置太阳能电池板，即"低谷"，离地面约25英尺（7.6米），并占地100余英亩（40公顷）；②大面积圆盘凹形放置太阳能电池板；③太阳能电池集中输出方式。早在2001年，加州理工学院的能源专家刘易斯（Nathan Lewis）就警告说，太阳能发电最大的限制也许就是安放巨大的太阳能收集装置的土地容量。如果考虑全美国所有的能源需求，按太阳能电池板平铺开来计算，将覆盖66 750平方英里（172 882平方千米）的面积，相当于整个华盛顿州的大小。

亚利桑那州拥有世界上最大的太阳能发电厂，位于凤凰城以南70英里（113千米）。这一名为索拉纳的工厂计划于2011年开业，届时将为超过70 000家庭提供280兆瓦的电力。为了实现如此巨大的产量，索拉纳将利用太阳能集中技术，把太阳能电池板与太阳能聚集器（solarconcentrators）联合起来，以提高产量。太阳能聚

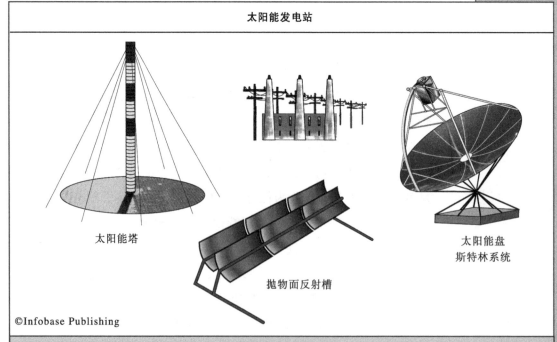

太阳能发电站

太阳能塔

抛物面反射槽

太阳能盘
斯特林系统

©Infobase Publishing

大容量的太阳能发电站可以利用各种技术来提高太阳能转化为电能的效率。太阳能塔利用阳光加热后的空气来产生上升气流而带动涡轮转动；抛物面反射槽直接收集并反射阳光；带有斯特林发动机的太阳能盘通过使用太阳能聚集器来使能量最大化。在过去的20年中，太阳能的成本在逐渐减少。

光器使用了内部的凸透镜,将太阳光线聚焦在一起,防止分散。因此,电力公司可以在每一块太阳能收集器中安放更多的光伏电池。家庭太阳能电池板制造商近期也可能会利用这一技术,提高光伏电池的效率,这样一来就可以减少太阳能电池板的面积,并节省费用。

最新的两项太阳能技术是太阳能薄膜(详见 116 页工具栏)和太阳能卫星。位于华盛顿特区附近的美国国家太空安全办公室(NSSO)曾表示,太阳能发电卫星可能是最好的收集太阳能量的方式。2007 年,NSSO 发表题为《战略安全的机遇——空间太阳能发电》的报告,介绍了空间卫星收集阳光并为地球提供能量的设想。卫星式光伏电池捕获光子,然后通过设备将其转换为无线电波或红外线。NSSO 计划通过卫星向地球发射无线电波,并直接在接受装

太阳能电池板吸引了许多研究者和企业家的视线,并为设计下一代太阳能收集器提供了参考。尽管和图中位于西班牙的太阳能电池板相似的太阳能板是用于可持续建筑的最流行装置,但新的太阳能电池板还包括了一些新技术,如太阳能薄膜纳米技术制成的超薄太阳能薄膜、太阳能聚集器和太阳能窗户。(Fernando Tomás)

置上安装电力转换设备。该技术需要耗费大量资金，用于轻量级的太阳能电池板、安放电池板的卫星、运载火箭以及传输与收集设备。尽管存在如此巨大的障碍，NSSO 依然认为这一设想具有重大意义，因为可以帮助缓解美国依赖进口燃料的局面。

NSSO 还解释了太阳能卫星背后的意义：太阳是我们已知的太阳系中最大的能量来源。在地球高空，每平方米的空间接收 1.366 千瓦的太阳辐射，但当阳光到达地面时，能量由于已经被大气吸收或经过散射大打折扣；再加上天气和季节的更迭、昼夜的交替，平均每平方米更是损失了 250 瓦的能量。附录 E 对常见的能量单位做出了解释。NSSO 计划利用其空间太阳能技术为地球提供源源不断的电力，以避免这些损失。至于安全问题，太阳能卫星发出的电波相当于微波炉发出的能量。所采取的安全措施可能还包括发射电波附近设立的禁飞区及在接受天线附近的非限制区等。

由于太阳能电力在公共领域及科学界的有趣应用，这一新技术已经受到了媒体的广泛追捧。应用太阳能发电最简单的理由就是，太阳每小时赐予我们的能量远远大于我们一年所利用的能量。在太阳向四面八方释放的 382.7 万亿太瓦（terawatt，TW）能量中，地球表面接收了 12 万太瓦。即便考虑到宇宙空间中损失的能量，这也是一笔巨大的能量宝藏。

虽然一些新的太阳能技术因为技术的限制或高昂的花费而搁浅，但是太阳能拥有着其他可再生能源所无法比拟的优势：它已经得到了公众巨大的支持。下表介绍了有可能在未来成为可行的商业化太阳能新技术。表中所述的每一项技术还都具有集成太阳能聚集器的潜力。

美国麻省理工学院（MIT）的工程师们一直在努力，希望能将太阳能聚集器与太阳能薄膜结合起来，进而开发出新的太阳能窗户。2008 年，麻省理工学院的电气工程师 Marc A. Baldo 在学院通讯上说："阳光通过大面积区域进行收集，并集中在边缘处。"Baldo

太阳能技术		
技术	描述	优势
抛物面反射槽	太阳能收集板沿直线排列	可以产生巨大能量
太阳能盘—斯特林技术	具有聚光器的凹形太阳能收集板，并直接与发电机相连	大功率输出
太阳塔	太阳能收集板分布于螺旋形高塔周围，通过加热空气产生上升气流带动涡轮而产能	增加太阳能电池板输出的能量，不需能量输入
太空太阳能技术	安装在卫星上的太阳能收集板，并以电磁波或者红外线的方式向地球传送能量	最大限度的吸收太阳能，不散失到空气中
太阳能薄膜	比正常太阳能板薄几百倍，可以附着在各种物体表面吸收太阳能	节省空间并适用于更多的地方

说，太阳能聚集器至少可以将每一块太阳能电池的发电能力提高40％。在短期进军太阳能市场方面，太阳能聚集器有着两点实际的用途。首先是可以沿平面玻璃边缘放置，提供室内用电。其次，还可以为传统太阳能板安装集中器，以提高能源输出。

尽管仍然有许多地方有待改进，但是在不远的将来，太阳能这种清洁能源对家庭与社区无疑是最有吸引力的选择之一。

水电和地热能源

水电和地热能利用了不同形态的水资源中所存储的能量。水电使用了液态的水，而地热能量则来源于地下的热水或其他地热资源。但二者都属于可再生能源，因为水资源在地球的水循环过程中再生。

水电，全称为水力发电（hydroelectric power），利用了蕴藏在大量流动水之中的巨大能量。水电主要的获取途径，是在河流建设大坝，并蓄积流水形成水库。水库里的水流过大坝的压力管道并带动涡轮机旋转，从而带动发电机产生电力。输电线路再将产生的电力输送到不同的社区。在美国，水电供应超过了全部可再生能源

太阳能薄膜

标准的太阳能板由很薄的晶体硅片构成，来产生电流。其可以安装在建筑物顶端或者土地上。尽管在世界范围内，太阳能占据的比例逐渐增加，一些专家仍然认为这一技术会被更新的、更薄的太阳能薄膜取代。2008年，伦敦研究机构 IDTechEx 公司的主席彼得·哈罗普（Peter Harrop）向《时代》杂志提到："晶体硅的时代即将结束，太阳能薄膜将取代它。"哈罗普的观点主要是由于和以前块状的太阳能板相比，这些柔韧的薄膜可以像墙纸一样附着在任意物体表面。

太阳能薄膜由如下四层结构组成：①暴露于阳光下的透明传导材料；②缓冲层；③由铜、镉、铟、镓和硒化合物组成的产生电流的化合物层；④最下面的接触层（镉是有毒金属，需要特别处理）。缓冲层和接触层之间产生了电流。现在太阳能薄膜的厚度已经可以达到100纳米，仅为人类头发直径的千分之一。

太阳能薄膜正在逐步进入太阳能这一快速发展的市场，薄膜生产者们希望其可以被用在屋顶、墙壁和窗户上。尽管太阳能薄膜比传统硅电池生产简便且便宜，但要进行大规模生产还是有一定的难度。英国石油公司正是因为量产的困难才在2002年放弃了太阳能薄膜项目。随后，太阳能公司如亚利桑那州的第一太阳公司继续此项研究。他们开发出利用碲化镉作为半导体层的太阳能薄膜，这种薄膜可以产生和传统硅太阳能电池一样的能量，但制造原料仅为过去的1%~2%。

2008年年底，第一太阳公司在内华达州博尔德城建造了北美最大的太阳能薄膜发电厂。发电厂管理公司 Sempra Generation 主席迈克·奥尔曼（Michael W. Allman）说道："这是新型可再生太阳能技术使用和发展的关键一步。如此大规模的太阳能薄膜发电厂表明我们可以完成使用可再生能源的目标。"这个发电厂可产生10兆瓦的能量，可以提供3000户家庭的正常用电。

尽管太阳能薄膜发电厂产生的电量远少于传统太阳能电池板发电厂产生的电量，但是太阳能薄膜产业必将在未来找寻增加电量输出的新技术。

的 70%。

水电约占世界总能源的 25%，但仅占美国能源产量的 7%。与其他地区相比，西海岸更依赖于水电，全美几乎一半的水电源自华盛顿州、俄勒冈州、加利福尼亚州和蒙大拿州。美国能源部通过计算得出，美国的水电大坝能够为超过 2800 万个家庭供应电力，相当于 5 亿桶石油产生的能量。

为什么与太阳能和其他可再生能源相比，似乎水电并没能引起大家太大的兴趣？也许是由于水坝虽然能够生产清洁能源，并减少污染，但是它们也给环境带来了其他的问题。起码从 20 世纪 80 年代起，美国鲑鱼和鳟鱼的种群数量已经大幅减少，许多环保人士认为，水坝阻止鱼类向上游产卵的迁徙。生态学家已经尝试使用鱼梯（fish ladder）等措施为鱼类提供向上游迁徙的水路。一个名为"救救我们的野生鲑鱼"的环保组织强烈建议拆除水坝保护鱼类："   毫无疑问，恢复关键的淡水栖息水域能够大大增加鱼类的生存率。"

水电行业与环保主义者还在其他环境领域有所分歧，这就是栖息地的破坏。建设新的大坝将永久的改变当地的生态系统，因为既淹没了上游的土地，也改变了下游的天然水流。下页表格列出了水电的优缺点。

另一方面，地热资源包括三种不同类型的地下热水。每种类型的地热资源都形成于地球岩层中，或处于岩石裂缝或多孔岩石之中。这三种地热资源分别是：①由热水滴或蒸汽组成的湿气；②仅包含水蒸气而没有水滴的干气；③热水。相应地，也有三种不同类型的电厂将地热转变为电力：

- 干蒸气厂直接使用从地热资源中获取的蒸汽带动涡轮机
- 快速蒸气厂则将热水转变为蒸汽，用于带动涡轮机，而让其余冷却的水回流至地下
- 二元电厂则同时利用两种方式，将水或蒸汽转化为另一种液

水电和地热能量	
优势	劣势
水电能	
● 大功率输出	● 建造费用昂贵
● 动能可以高效地向电能转化	● 淹没上游地区,逼迫人类和野生动物迁移
● 使用费用低廉	● 改变了自然水道
● 为水库下游提供稳定的灌溉用水和生态栖息地	● 干扰鲑鱼繁殖
	● 阻止上游的营养物质进入下游
● 合理维护下可以维持很长时间	● 大坝有垮塌的危险
地热能	
● 既稳定又便宜的能量来源	● 可开发地区少
● 对土地影响小	● 有时产量低
● 能量转换效率高	● 难以储存和调节
● 建造耗费少	● 泄漏、难以忍受的气味、噪音
● 低污染	

体,并驱动涡轮机

通过安装一个热泵或地热交换器（heat exchanger），房屋就可以使用地热能源。热泵在冬季有时通过使用钻井获取地热资源，而在夏季则将多余的能源存储起来。而地热交换器也有类似的系统，将管道埋藏在地下，在冬季直接使用地下的热水，而在夏天将房屋内产生的热水送至地面。

地热能源也提供了一种新的能源生产技术，即热岩技术。这一类型的地热能源来自于以下三类非水资源：①地球熔化的岩石，即岩浆；②热干岩，由位于其下方的岩浆加热而成；③温岩库，其中包含了高于常温的岩石，而这部分岩石则是通过附近区域的岩浆或蒸汽加热而来的。

地热能源的公司在富含热能的地区通过钻井深入地壳达 16 500 英尺（3 英里，5 千米），这一区域也称作结晶岩地层。地热电厂将水泵入其中一口钻井——注水井，通过压力使地下的热水从出水井上升至地面。再通过地表的设施捕获温度高达 390˚F（约 199℃）的热水的能量。当水冷却后，再通过另一组水井流回至地下。

无污染的地热主要来自从浅层到几英里的地下。地热直接提供了热水、热量、蒸汽来进行大规模发电。位于冰岛的纳斯亚维里地热站在 1990 年正式投入运营。从第一批移民者到达这里开始，冰岛人民就开始利用当地丰富的温泉资源进行清洗、洗澡和加热。

从某种意义上说，一个地热电站通过自己的微型水循环系统而达到产能的目的。

虽然地热能源生产与不可再生能源生产相比还有很大的差距，但各国都已经开始了相关的研究项目。美国内政部已经在土地管理局（BLM）与林业管理局（FS）的共同配合下，启动了一项建设地热能源厂的计划。土地管理局或林业管理局将其管辖范围内西部地区除国家公园以外的不同区域租赁给电力公司，供其建设地热设施。2008 年 12 月，在计划获批前夕，内政部前任秘书德克·肯普索恩（Dirk Kempthorne）表示："地热能源将在美国未来能源中发挥着关键性的作用。90%地热资源都蕴藏在联邦土地的范围内，因此对于所有美国家庭和企业而言，促进其开发非常关键，只有这样，才能够提供所需的安全、清洁的能源。"参与该项目的联邦机构预期，到 2015 年能够在包括阿拉斯加在内的 12 个西部州生产 5500 兆瓦能量，而到 2025 年时，这一数字有望超过 12 000 兆瓦。

地球上最丰富的地热资源主要位于横跨南北半球的太平洋沿线。这条线，也就是所谓的"火环"，是主要的地壳构造板块（tectonic plate）边界，即地震和火山爆发最为活跃的地区。太平洋地区的 46 个国家现在正在利用这一资源为其提供所需的能源。而在美国，大部分的地热能源利用都位于加利福尼亚州，在那里，地热为超过 600 万人口提供了 2500 兆瓦的电力。

由于地球上可用的地热资源有限，地热能源的发展速度也相当缓慢。然而这一领域巨大的优势仍在继续，让我们可以利用这免费的、而且几乎是取之不尽的能源。下表介绍了三种新兴的地热技术。

新兴地热技术	
技术	描述
地热强化系统	改进热岩技术以获得非水资源的热量
地压——地热系统	开采天然气的同时开发地热资源
碳氢化合物－地热共产出系统	从石油和天然气储存地附近的高温液体中获取能量

核　　能

也许有观点认为核能是一种不可再生能源，因为它使用的铀是一种地壳中不可再生的元素。但是科学家们却持不同观点，认为可以将核能归为可再生能源，因为核反应是一个自我维持的过程。抛开人们对核能的不同观点，直到今天，核能一直饱受巨大的争议。

核反应堆是通过核裂变反应生产电力的设施，主要的代表元素是铀 235 和钚 239。反应堆产生了有效的电力供给，但与此同时，

核能	
优势	劣势
● 稳定的能量供应	● 相对于运营成本，产能过少
● 铀资源丰富	● 存在安全事故隐患
● 泄漏少	● 放射性废物的长期存在
● 节省化石燃料	● 机器设备具有一定的放射性
● 新技术的发展	● 需要完善的安全措施
● 发电站占地面积小	● 热处理水直接排放到环境中会伤害到水生生物
● 仅需少量核电站就可以产生大量电能	

也产生了放射性废物。而这些放射性废物对生物的健康构成了严重的威胁，而且这种危害性可以持续几个世纪之久。因此，为放射性废物寻找一个安全的储存场所一直是核工业最关注的问题之一。在正常的运行和管理维护下，核电厂能够在不污染空气的情况下生产能量，但与上表中描述的优势相比，核能所带来的危害可以说是相当严重。

核电的反对者举出以下三个他们认为可以忽略其优点的问题：①灾难性的事故会造成严重的放射性污染，并导致人类和野生动物的死亡；②不断累积的放射性废物在数千年内无法降解到安全的水平；③核电厂或废物运输存在恐怖袭击的可能。这些问题已经持续争论了很长时间，也是环境科学中最具争议的一个问题。

"绿色和平"国际环保行动小组已经明确表示，反对使用核电，以避免其可能对环境和人类造成的危害。该组织声称："无论核工业告诉我们什么，建造足够多的对减少温室气体起到实质意义的核电站将会花费数万亿美元，并带来数以万计致命的高辐射废物，同时还会助长核武器的扩散，以及每十年一次的类似切尔诺贝利的悲剧事件。"切尔诺贝利事件是1986年发生在乌克兰切尔诺贝利的一家核电站的严重事故，核反应堆爆炸所产生的辐射云进入了大气循环，立即杀死了数百人，并在接下来的几年间夺走了约15 000个生命。该事件仍然是世界上有史以来最严重的核灾难。

图为位于法国洛林的加特农核电站。西欧有大约 130 个核电站，处于世界领先地位。在核工业刚刚起步的 1970 年到 80 年代中期，世界范围内核电站的数量有了显著的增加。1979 年位于宾夕法尼亚州的三里岛核电站事故让美国民众开始担心核能的潜在危害。1986 年乌克兰切尔诺贝利核电站事故制止了核工业的进一步发展。在安全和管理方面的隐患完全掩盖了核能这一清洁、低廉能源的优势。（Stefan Kühn）

　　美国所使用的能源的 20% 是由大约 65 家核电厂 104 个核反应堆提供的。在减少化石燃料使用与温室气体排放方面，核电带来了一些不容忽视的好处。根据核能研究所（NEI）的统计，单一的核反应堆一年就可以为 74 万个家庭提供足够的电力能源。而完成同样的任务，需要耗费 1370 万桶石油，660 亿立方英尺（19 亿立方米）天然气或 340 万吨（310 万公吨）煤。NEI 还指出，除了这些统计数据，核电的优势还体现在核电厂遵守 1970 年的《清洁空气法案》，为进一步提高空气质量作出了贡献。由于核电站通过核裂变而非燃烧获取能量，也就不会释放温室气体和带来酸雨及烟雾等问题。通过更多地使用核能，各国可以在达到清洁空气标准上有的放矢。然而，这种积极的观点并没能打消核电反对者的顾虑。

核电能够从历史和批评的阴影中走出来吗？持续为美国提供大量能源的核电厂已经开始出现问题，其中的许多工厂都需要在未来十年内更新换代。到 2012 年，全球约有 230 个核反应堆，将与美国的 20 个一起宣告退休。反应堆的老化增加了事故发生的机率。尽管在 50 年前核工业刚刚兴起时，其有着广泛的发展前景，但核电并未取得太多进展，而且深陷公众、政府与企业争论的泥潭。

放射性废物之所以引起人们如此的关注，是由于其对人类健康的巨大危害，以及衰减至安全剂量所需的漫长时间。美国已经在内华达州偏远地区的亚卡山（Yucca Mountain）建立了一个永久的地下核废物储存场，但针对通过铁路运输的数吨废物与设施整体安全性的反对声音推迟了尤卡山的开放。除此之外，核工业还面临许多其他问题，自成立以来，核电站建设的花费就超过了预算，再加上巨大的运营成本，给其安全管理运营带来了诸多问题。

作为替代化石燃料的核电，其未来仍是一个未知数。核工业在向公众介绍这一技术，以及相关的安全保障机制等方面，实在是差强人意。环保组织强烈反对核电站的使用，而且现今有相当数量的人并不希望使用这种形式的能源。核能的使用正处于一个复杂的时期。在不久的将来，在核能所带来的可能威胁与眼下紧迫的环境危机之间，科学家、公众以及政府的领导者必须做出权衡。

直接碳转化

直接碳转换就是将碳从一种形式转化为另一种形式，同时释放出能量的化学过程，而释放的能量通常都是电能。燃料电池就是根据这一原理，产生流动的电子并形成电流。随着直接碳转换新技术的出现，将大气中含量丰富的碳转化为可利用的形式将成为可能。

化石燃料、生物体、合成燃料和生物柴油都能够作为燃料，因为他们都含有在燃烧时能够释放能量的碳化合物。在这些燃料中，碳与其他元素（通常是氢）通过化学键链接，而能量就储存在这些化学键之中。当考虑到现今使用的所有内燃机，以及所有生物都离不开碳化合物这些事实，我们不得不承认，是碳化学真正统治了我们的星球。

然而，对碳燃料的依赖，已经导致了大气中含碳副产物的积聚，尤以二氧化碳和甲烷为重。众所周知，这些温室气体将热量局限在大气之中，导致了全球变暖。然而，对于这些气体在大气中停留的时间，我们的认识有所不足。《时代》杂志记者罗伯特·科尼格（Robert Kunzcg）早在 2008 年就警告说：“即使我们现在停止使用化石燃料，我们已经排放出的二氧化碳也需要将近 100 000 年才能完全消失。”虽然地球上的植物、水和土壤吸收了数量庞大的碳，但碳排放依然超过了碳吸收的速度。光合生物吸收二氧化碳。土壤和海洋沉积物中也都会积聚一些碳，并且开始漫长的回归化石燃料的过程。但是，科尼格依然警告说，科学家们已经发现，海洋和陆地已经不能像过去一样吸收那么多的二氧化碳了，也许是因为人类的碳排放已经开始超过了地球自然碳循环的负荷。

海洋中的浮游植物（phytoplankton）和微小植物有机体是上百万生物的食物，大气中绝大部分的二氧化碳通过被前者吸收而返回地面。但由于污染、气候变化以及其他破坏海洋生态系统的因素，一些地区的浮游植物数量骤减。一些科学家开始设想，能否通过技术手段，找到恢复海洋吸收能力的方法，或增加这种能力以控制大气碳含量。旧金山的 Climos 公司已经开展了一项计划，通过提高海水营养来增加浮游植物的数量。这种方法被称为铁播种，船舶向海中倾倒含铁的混合物，每平方英里约含 20 磅铁（3.5 千克每平方千米）。Climos 的首席科学家玛格丽特·雷内（Margaret Leinen）告诉《时代》杂志记者说：“即便这样，我们也并不认为解决了问题。我们仅仅将其看做是一个整体的技术组合中的一部分而已。"虽然这一雄心勃勃的计划还没有被证明，的确能够减少大气中的二氧化碳，但是气候专家已经认识到，需要有创新的想法，来减缓全球变暖的脚步。

其他科学家也已经有了类似的想法，减少大气中的碳，并将其转变回有用的燃料。哈佛大学的研究生科特·豪斯（Kurt House）已经开发出一种改变海洋化学性质的方法，使其能够重新吸收大量的二氧化碳。他的计划包括以下步骤：

1. 将海水泵入设备，将其中的盐（氯化钠）分解为带正电荷的钠离子与带负电荷的氯离子；

2. 去除氯离子，此时海水将变为碱性；

3. 将降低了酸性的水重新返回大海；

4. 海洋为平衡其酸碱性而从空气中吸收更多的二氧化碳。

亚利桑那州全球技术研究所的阿伦·赖特（Allen Wright）提出了第三种碳转换的解决方案。赖特与哥伦比亚大学的物理学家克劳斯·拉克（Klaus Lackner）一道，发明了一种洗涤器（scrubber），来直接除去空气中的二氧化碳。他们洗涤器的原型每个包含了大约 30 个塑胶片，共有约 9 英尺（2.7 米）高。当空气沿着塑胶片移动时，二氧化碳就被吸附在特殊的塑料材料上。科学家们设想利用更大的、覆盖整个大陆的塑胶片，来除去大气中的碳。2008 年，赖特对记者罗伯特·科尼格谈道："如果我们建造一个像中国长城一样大的塑胶片，并百分之百地去除经过其上的二氧化碳，那么我们就可以减少全球碳排放量的一半。"正如豪斯与 Climos 的科学家观点一样，洗涤器也必须形成巨大的规模，才能够解决全球变暖问题。

这里介绍的碳转化的例子虽然已经在实验室中获得了成功，但还没有人能将其大规模实施，并对气候改变产生真正的影响。改变地球海洋化学性质是一项浩大的工程，并且向其中加入大量的铁或改变海水对生态系统的影响尚不清楚。而且有些方法还会产生大量必须处理的副产品，如豪斯的将海水变碱的技术就留下了大量的酸性物质需要处理。而就目前来说，还没有人能够提出一个很好的管理多余酸的解决方案。

但是假如这些想法都行得通呢？赖特曾提议，从洗涤器上获得的二氧化碳可以与氢气相结合，为汽车提供新的碳氢燃料。虽然汽车还将释放更多的废气，但是洗涤器可以一次次去除碳排放，并建立一个持续的碳循环。

虽然这些方法的实现还有很长一段路要走，但这一切表明了具有创新思想的人们并没有对解决大规模环境问题有过任何的畏惧。

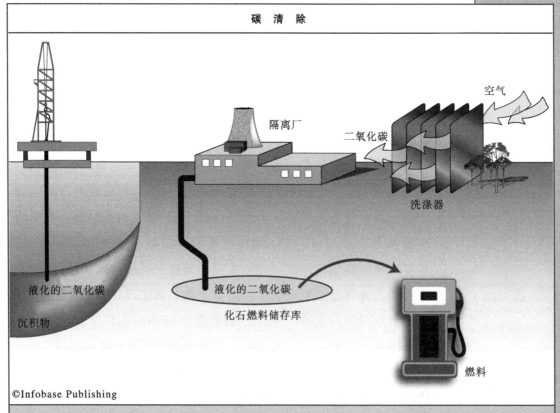

碳　清　除

空气

隔离厂

二氧化碳

洗涤器

液化的二氧化碳

液化的二氧化碳

沉积物

化石燃料储存库

燃料

©Infobase Publishing

科学家们正在研究一项名为碳清除的长期计划。他们将空气中的二氧化碳滤出并液化后，注入海底沉积层中。由于那里温度较低，二氧化碳会一直以液态存在而不会释放到空气中。与如何将二氧化碳进行处理相比，如何将其从空气中滤出就显得尤为困难。上图展示了一种称为洗涤器的方法。

没准像洗涤燃料这样的直接碳转换理念就会在若干代之后成为可持续发展的现实技术。

燃 料 电 池

燃料电池将化学能转化为电能。从 20 世纪 90 年代起，燃料电池在家庭电器或汽车领域，分别作为电池和化石燃料的替代能源，得到了飞速的发展。将化学能量转换成电能的燃料电池分为两类，即化学燃料电池和生物燃料电池。化学燃料电池通过化学反应产生电能。通常在最初通过加热开始反应的进行。而生物燃料电池包含一个或多个自然界的组分，并且使用酶而非高温调控其中的反应。

碳燃料电池通过将碳化合物与氧气进行反应产生电子的定向流动。虽然这种类型的燃料电池可以使用含碳废弃物作为燃料，但在最终产物中依然释放了二氧化碳。虽然碳燃料电池的工作方式与燃

燃料电池种类		
燃料电池	主要特点	应用
碱	纯氧和纯氢反应	空间运载工具
甲醇	乙醇将两个电极分开，并传导电流	汽车，公共汽车，电器用具
熔融的碳酸盐	在 1112~1202°F（600~650℃）的高温下，碳酸盐将两个电极分离并产生电流；加热时间缓慢	大型发电厂
磷酸	磷酸将两个电极分离并传导电流；加热时间缓慢	中型发电厂
聚合物交换膜	合成的聚合物可以分离两个电极，并在催化剂的参与下传导电流；运行温度适中，为 140~176°F（60~80℃）	汽车，公共汽车
氧化物	氧化物为电子流动提供基质；加热时间缓慢，运行温度高达 1292~1832°F（700~1000℃）	各种规模的发电厂

烧类似，但更加有效，使得每单位燃料产生了更多的能量。

氢燃料电池也通过类似的原理产生电能，但这种燃料电池使用氢气作为燃料与氧气进行反应。与碳相比，氢燃料电池的优势体现在其终产物是水，而非二氧化碳。

英国物理学家威廉·格罗夫（William Grove）于 1893 年设计了现代氢燃料电池的前身，利用的原理就是电流可以将水分子裂解为氢分子和氧分子。通过大胆假设并验证，他认为该反应可以朝着相反的方向进行，产生水的同时，电池阳极（带正电荷的电极）与阴极（带负电荷的电极）间的电子流动也会产生电流。格罗夫的燃料电池中进行了如下的反应：

$$阳极：2H_2 \rightarrow 4H^+ + 4e^-$$

$$阴极：O_2 + 4H^+ + 4e^- \rightarrow 2H_2O$$

$$氢电池的总反应：2H_2 + O_2 \rightarrow 2H_2O$$

燃料电池技术是从格罗夫发明的小型反应器开始，向着高电压发生器发展的，这主要基于两个层面的应用目的：交通运输以及电力生产厂。然而，无论大小，人们心目中未来的燃料电池需要完成以下任务：

- 取代电力工厂中的燃气涡轮机
- 取代汽车的汽油发动机
- 取代计算机和电子产品中的电池

六种应用了不同化学反应的燃料电池为减少对化石燃料的依赖开拓了新的出路。上页的表格列出了目前大规模应用的燃料电池技术。

化学燃料电池最大的优势，在于可以在不需要化石燃料的情况下提供电力。而且在多数情况下，这些电池也不会排放有害废气。但是，燃料电池技术也存在着造价高、工作温度高以及因杂质导致的低效率等缺陷。

而生物燃料电池则是另一种新兴的能源技术，它的未来同样是一个谜。生物燃料电池使用了微生物及其酶，作用于甲醇或氢气等燃料，而产生电力。与化学燃料电池相比，生物燃料电池有着先天的优越性，因为不需要使用酸或其他有害的化学物质，而且在室温下就可以进行。

期望开发生物燃料电池将其作为一种可再生能源的企业家们，已经对众多的微生物进行了研究，其中包括藻类、细菌以及病毒等，并将其应用于燃料电池的反应中。这些反应的最终结果要么是能够替代化石燃料的生物燃料，要么就是电力生产。

美国加州的 Solazyme 公司主要利用藻类生产生物柴油。公司合伙创始人哈里森·狄龙（Harrison Dillon）在 2008 年的一次发布会上说："在寻找解决方案的过程中，Solazyme 已经将石油形成的 1.5 亿年浓缩到几天之内，并将可再生石油转化为燃料，这不仅是完成了一大挑战，更证明了这一技术具备大规模商业应用的价值。"狄龙说，如果相关的公司都能够建造大型的生物制造（bioproduction）厂房，那么海藻也许能够为替代能源作出巨大的贡献。

除了藻类以外，生物学家们也对病毒和细菌在燃料电池中的应用进行了试验。贝尔彻（Angela Belcher）就是这样一位生物学家，她的专业背景是电子工程与材料科学，她利用自己的专业知识，使用包被可导电金属外壳的病毒，开发出了一种小型的电池。病毒的直径不超过几个微米（1 微米等于 1 米的百万分之一）。如果病毒电池能够投入应用，它们将具有小巧轻便的优势。而且这种病毒 - 金属组分还可能在电子设备中作为半导体。2008 年，贝尔彻在 MIT 介绍了她的团队在这种半导体领域的研究："我们正在利用生物过程努力研究高比容的正极材料，并取得了可喜的成果。除此之外，我们已经有了完全基于病毒的电池正负极。我们还致力于太阳能电池、催化剂、燃料电池和碳封存材料的研究。"最近，贝尔彻的团队已研制成功了可充电的锂电池，而病毒正是其中的导电材料。贝尔彻还利用由病毒加工产生的氧化钴材料制成了纳米级别（nanoscale）的电线。

燃料电池技术包含了多种多样的方法，将传统的电池改造为生物电池。而如此多样的应用，也表明了燃料电池技术有着光明的未来。

小　　结

清洁能源技术涵盖了种类惊人的非化石燃料与无污染能源。这些技术目前都已经得到了政府机构、领导与大学的大力支持。由于高昂的花费或技术上的困难，虽然并不是每一项技术最终都能成为现实，但肯定有一部分新能源技术能够应用于我们日常生活的方方面面。

如果想让创新性的替代能源最终取得成功，公众必须了解每种技术的优点和缺点。可再生能源产业的领导者们必须让持怀疑态度的人确信，他们的确正在努力降低每个不利因素的影响，并朝着一个光明、美好家园的方向大踏步前进。而在另一方面，最成功的替代能源也必须让消费者感觉不到生活的转变。比如说，当一个人在电脑上点击鼠标，无论他所使用的电力是来自太阳能发电厂、水电站或是燃煤电厂，他都不会意识到有什么区别。只有通过低廉的成本、简便的使用以及对日常工作的影响最小，清洁能源才能够赢得消费者的青睐。

有了这些商业计划在手，清洁能源产业有望在不远的将来带给我们如下突破：使太阳能发电更加高效的太阳能聚集器；商业太阳能发电厂与风力发电厂的蓬勃发展；针对汽车或电子产品具有实际用途的燃料电池；以及对太阳能薄膜的进一步改进。还需要有一种方法来存储清洁能源以备不时之需，这一点对于风能和太阳能尤为重要。目前，已经有一些方法能够在天空平静之时收集与保留风能，或是在夜晚收集太阳能。许多其他的清洁能源技术也揭示了下一代科学家努力的方向。而在这些长期技术的背后，都早已经有科学家做出了研究：如太阳能发电塔和太阳能卫星；持续增长的地热发电；以及波浪和潮汐发电的兴起。在遥远的将来，科学家们也可能会发明出直接从空气中提取二氧化碳的方法，并开发出让海洋生态系统重返健康的新技术。

在绿色科技中，清洁能源有着令人振奋和充满希望的未来。环境科学领域以外的人们也可以舒一口气了，因为清洁能源的发展速度，已经超过了自然资源消耗的脚步。

绿色建筑设计

　　20世纪70年代，买新房的人可能会发现大量有吸引力的房屋都是坐落在有时髦的便利性的园景中。房子里的热水器保证了热水的随时供应。打开大大的窗户能看到壮丽的景色，即使在阳光明媚的日子，电灯也让每个屋子都洒满光亮。空调和一套燃油锅炉保证室内温度保持在一个舒适的范围。当然，在热水到达之前需要花费几分钟，有时大风会在穿过窗户间隙和门缝时呼啸不停，暴风雨会导致停电。垃圾搬运工每周收一次垃圾，这是一件好事，因为方便食品、日用品和电子产品会产生大量垃圾。包装、废纸、瓶瓶罐罐、厨房废物都被扔到路边安置的垃圾桶中。

　　在20世纪70年代，没有人会提到绿色建筑（green building）这一概念。有绿色建筑环保意识的人已经开始指出，天然资源已变得紧张，但普通民众还没有意识到这一问题。树木环抱的社区，车开得很快，每年商店都会供应一种新型的收音机或电视。如果在他们的城镇存在这样的计划，关注保护环境的人们参加了当地的回收计划。环保主义者几乎没有超出回收的范畴。

　　美国的建筑提供了与世界其他地区相比更高品质的生活，但是它也带来了各种废弃物，包括能源、水、土地、原材料和可回收材料。到了 20 世纪 80 年代，人们开始认识到环境污染的问题。到了 20 世纪 80 年代可怕的健康问题开始出现，大多是因为环境中的化学废物。许多社区几十年来都没有合格的废物和资源管理体系。人们为了更好地利用和保护资源，尤其是一些不可再生资源，如森林、金属、矿产、清新的空气和干净的水等，而发起了绿色建筑运动。

绿色建筑是指建造建筑物时避免使用前几代人的错误方式，因为那时他们没有完全认识到他们的行为会对环境产生影响。绿色建筑过程可分为六个重点领域，这些都有助于为人们创造一个更健康的生活环境，创造一个受干扰最小的自然世界。这六个方面是：①能源使用；②土地和水的使用；③材料；④施工方法；⑤社区一体化；⑥室内环境质量。绿色建设者在现今规划新的建设时会对所有六个重点领域加以考虑。

绿色建筑的建设者和设计者开始一个新项目之前，都会遵循三个目标：①建设规划和环境美化，以尽量减少建筑物对生态系统的影响；②尽量回收再利用材料，减少建筑废料的产生；③建筑对环境有益。

为了达到这些目标，绿色建设者把六个建设重点领域分解成更详细的步骤。建设过程中的每一步要求建设者和房主选择对环境危害最小的材料或方法。因此，一个绿色建筑可以与几步之遥的另一个绿色建筑有很大差别。一个建筑所用的 90% 的材料都是经过回收利用的，其余材料也来自经过认证的可持续资源，不会对环境造成重大影响。房子的继任所有者可能对建筑材料不太关注，但可能会通过选择最有效的隔热板和窗户，及洗盥污水（gray water）再利用系统来表达其对可回收资源的重视。

本章概述了建筑商和业主用于建造一个对环境影响最小的建筑所做的各种决定。其中每一项决定都能给环境带来好处，即使好处很小。因此，人们不必建立一个 100% 的可再生能源房屋，使所有的废物都可以回收再利用。当我们选择经过认证的可持续木材；回收玻璃、纸张、塑料、铝；并在不使用时关掉电器，环境也会获益。本章首先简要介绍了绿色建筑的背景，然后介绍建造绿色建筑的特定要素。涉及的主要因素是能源和加热、冷却和通风、隔热、照明和窗户、节约用水，以及废物管理。本章还描述了一个理想的另类房屋，并列举了一个遵循绿色建筑原则的房子的案例。

绿色建筑的时代来临了

绿色建筑计划始于 3 R：减少、再利用和回收。牢记这些行动有助于建筑设计师节约用材、减少废弃物产生以及降低新建筑物对生态足迹产生的影响。幸运的是，今天的回收行业取得了突飞猛进的发展，使几乎所有的原始建筑材料都可以用具有较好质量的可持续利用的材料替代。

对建筑材料的关注始于 20 世纪 30 年代的美国，那时空调、霓虹灯和建筑钢材刚刚开始使用。建筑师通过安装强大的加热通风空

在 20 世纪 90 年代早期，加利福尼亚纳帕谷的一号酿酒厂并没有被认为是绿色建筑。然而，这个建筑拥有现今绿色建筑的诸多元素：半地下的设计以满足隔热和冷却的需要，白天采光设施的运用，自然材料以及水资源保护。（Chuck Szmurlo）

气调节（HVAC）系统来使得建筑内部与外部隔绝。人们认为他们的生活与自然没有任何联系。建筑业同时划分成了设计、建筑、结构、和土木工程等专业。这些专业人士为工作带来了创造性的想法，但他们之间因缺乏沟通而忽略了建筑整体协调及其与环境的关系。

GreenBuilding.com 网站上解释说："直到 20 世纪 70 年代，一些具有前瞻性的建筑师、环境保护论者、生态学家才从维克多·奥吉尔（《气候设计》）、拉尔夫·诺尔斯（《种类和稳定性》），蕾切尔·卡逊（《寂静的春天》）的作品中得到了启发，（开始）质疑这种建筑方式的可取性。"美国建筑师协会（AIA）的专家针对 1973 年因外国供应商不断抬高石油价格而引发的美国能源危机做出了回应。美国建筑师协会提出了一个数十年之久的计划，以求合理解决太阳能、减少废物、节约用水、可持续材料等问题。到 1993 年，美国建筑师协会将可持续性确定为国际建筑师联盟 / 美国建筑师协会举办的世界建筑师大会的主题，这是绿色建筑运动成为一个产业的转折点。

从 20 世纪 90 年代起，个人和政府机构已经公布了一些绿色建筑的设计指南。专业协会已进行了多项国际设计比赛。1999 年，克林顿总统签署 12852 号行政命令，成立了可持续发展委员会。该委员会发表了一份报告，提出了 140 项美国居民可以采取的用以改善环境的行动，其中许多和可持续性建筑相关。

如今，数百名建筑商、设计师和建筑师以及几十个专业协会提供绿色建筑的提示和培训。所有这些现成的信息可能使一些人急于加入绿色潮流，而失去了对绿色建筑概念的理解。2007 年，《旧金山纪事》杂志女作家简·鲍威尔（Jane Powell）提出："即使被回收和再利用，这些材料都会被用尽。我们所能做的最环保的事情，就是保持现有建筑物的现状，因为它们的资源已经被利用了。一个非常常见的做法，就是拆除现有的小建筑然后建造一个更大的绿色建筑，仿佛小建筑曾自告奋勇作为智慧发展祭坛上的牺牲品。"鲍威尔的观点是正确的。不加区分地进行绿色选择，还不如把一台用了两年的运动多功能汽车换为混合动力汽车对环境有好处。绿色建筑迟早会成为时尚，而不是所有的房主都明白什么是对环境最重要的。

鲍威尔指出，1970年的平均住房面积大约1500平方英尺（139平方米），但是到了2007年已经达到了2200平方英尺（204平方米）。一些富裕的业主已经建立6000平方英尺（557平方米）的庞然大物，或者更大，他们吹捧这些为绿色建筑。这些业主可能认为，他们利用可持续材料建了一个大建筑是在保护环境，但建设和维护这些建筑会增加人类生态足迹。

下表总结了一些现在的建筑项目普遍存在的绿色建筑行动，并且列出了在建筑、室内活动、或区域设置等方面还存在的问题。

绿色建筑潮流和需要解决的问题	
已经被接受的或将被接受的	需要被解决的问题
在家庭中	
使用寿命长的荧光灯	由化石燃料发电厂供给电力
有效地隔热	电力浪费
隔热窗户	电器长期使用
可以再回收利用的建筑材料、废弃物、金属和台板	过大的房屋
减少废物	能源使用费用昂贵
利用太阳能	过多的包装产品
在社区中	
混合动力汽车	公共交通条件的制约
可以拥有更多的爱惜空气日（即用自行车和公共交通来代替私家车）	运输路途的遥远
	依赖于汽油动力汽车
	回收项目效率低下

绿色建筑是可持续发展的正确且重要的选择。但是必须仔细衡量绿色建筑的决定，以达到预期目的。下页工具栏"能源与环境设计先驱项目"向我们介绍了如何作出正确的绿色建筑的决定，以免破坏环境。

能源与环境设计先驱项目

能源与环境设计先驱项目（LEED）是由位于华盛顿市的美国绿色建筑委员会发起的，以保证家庭、学校、公共建筑和商业建筑的可持续建设。这个项目包括一个绿色建筑评分系统和相关的认证项目，从而可以评价新的建筑物是否成功满足可持续发展的要求。现在，诸多领域的专业人士志愿加入了这一项目，其中包括：建筑、设计、室内设计、景观美化、工程技术施工。房地产商和各领域的顶尖人士也对经过 LEED 认证的建筑表示出了极大的兴趣，因为 LEED 的认证使得建筑物更好地被社会所接受。许多政府和大学新建筑物的建造都需要 LEED 的认证。

LEED 为下列不同的建筑类型制订了不同的评分标准：新建筑、已建建筑、商业建筑内部、零售建筑、学校、医疗卫生机构、家庭及街坊发展。加利福尼亚州圣莫尼卡市的一家停车场甚至已经通过了 LEED 认证。例如，对于一个新的居住用房来说，LEED 可以根据其设计、地理位置、水利用效能、能源使用、废弃物排放、使用材料和室内空气质量来进行评分。上述的标准同样适用于改建的房屋。

美国绿色建筑委员会设立了不同种类的得分点，这样每个新建筑都可以凭借自己独一无二的特性来通过认证。下面列举的几个方面都包括许多可进行持续性发展的特殊领域：

这栋位于纽约市哈德逊街的革新式多用途建筑物得到了 LEED 银牌认证，可以供咖啡厅、商场、酒店共同使用，这也是美国为数不多获得 LEED 认证的酒店之一。（World Architecture News）

●创新和设计过程——减少建造和能源浪费，以降低成本和对周围建筑的影响

●地理位置和与周围事物的联系——合理的占地面积以及方便的公共交通系统

●可持续发展选址——周围的景观建设可以使取暖和降温、地表水管理和无毒的害虫防治取得最大效能

●用水效能——水的再利用，无渗漏，高效灌溉及按需热水器

●能源和空气——减少二氧化碳排放系统，优良的室内环境

●材料和资源——回收再利用，减少包装袋的使用，可再回收的建筑材料，可生物降解产品

●室内环境质量——通气，换气，空气过滤，低挥发涂料和地毯，日光的最大化利用，氡气的防护

●教育和认知——设计者、建造者和业主将认证步骤进一步优化

下页表格总结了房屋的认证评级。

要想建造一所可以通过LEED认证的房屋，建造者们需要采取下列步骤：

1. 加入LEED项目；

2. 使建筑物达到其建造目的；

3. 接受LEED官方评分员的检查；

4. 签署协议以证明会遵守LEED的认证要求；

5. 从美国绿色建筑委员会得到最终认证证明。

LEED的认证并不仅限于城市或相邻区域，还可以应用于乡村、郊区、市内建筑、公寓或别墅及出租屋等。每一年绿色建筑委员会都会更新LEED的标准，以满足最新可持续发展技术的需要。

从20世纪90年代开始，申请LEED认证的新建筑已经占到了总建筑

LEED 的房屋认证评级		
认证等级	所需的 LEED 分数	主要特点
合格	45~59	大幅节约能源 建筑废料最小化 好的隔热效果 双层玻璃窗 没有水、热和电力浪费
银级	60~74	所有系统达到节能要求 大多数结构由可回收利用材料制造 高效用水 高取暖和降温效能
金级	75~89	大多数建筑和装修废料被重新利用 高效的洗盥污水再利用系统 良好的室内空气质量
铂级	90~136	最大限度的合理利用能源和资源 优良的室内环境和光照 显著降低二氧化碳排放量 零废物排放或接近于零排放 大多数或所有系统不依赖于电网
总分：136		
资料来源：美国绿色建筑委员会		

量的一半。从 2005 年开始，这一数量已经增长了 250％。最重要的是，LEED 认证可以使房屋的每一个部分，包括取暖、降温、用水等，都达到最大效能。这一项目使得"绿色建筑"不再仅仅是个象征；这一认证向所有人表明，建筑的设计建造已经在减少生态足迹方面作出努力。

控制能源和热流

一个建筑物的能源和供热系统由能源产生装置、能源和热量贮存器及分配管线组成。许多方法可以提升获取、存储及分配热能或电力的效率，如智能设备可以在用电高峰时调节能量使用，智能电器在闲置时会关闭或减少供电，瞬时热水器可以节约能源和水。

建筑物的住户也可以通过自己的行为控制能源使用。有助于节约能源的措施主要有以下几方面，但能源公司经常增加新的节能方法到这份总结中。

- 在不使用时关掉灯和电器
- 把像电脑和娱乐设备这样的电器插在专用的插线板上，从而便于打开和关闭整个系统
- 设定温度在 65~68°F（18~20℃）内
- 关闭任何未使用的加热通风口
- 设置洗衣机用温水或冷水洗涤
- 洗衣机和洗碗机只在装满的时候才启动
- 尽可能自然晾晒衣服
- 当放掉多余的冷水以获得热水时，可将其用来浇灌植物
- 在上午九时前或下午六时之后使用电器以避开用电高峰

绿色建筑能以尽可能达到高效的方式，监测能源使用和热量分配。非绿色建筑几十年来都是依靠燃气或燃油炉供热。绿色建筑主要是利用屋顶安置的太阳能电池板，用可再生能源代替煤气和油。我们可以用被动或主动的方式利用太阳能对使用设备进行加热或冷却。

被动方法依赖于自然过程，如利用阳光进行加热，利用微风进行冷却和通风。被动加热包括把大窗户安在朝南的墙上，在墙壁和地板上安装吸热材料。

主动方法可以利用包括太阳能在内的多种能源，如太阳能电池

绿色建筑取暖技术		
系统	工作方式	能源使用
空气来源加热泵	通过空气之间或空气与水之间的交换而将室外的热量引入室内	主动
火炉和壁炉	通过燃烧木材或其他生物质来取暖	主动
强制热风采暖炉	高效地将气体转化为热量，来迅速改变室内温度和通气	主动
地热泵	吸收土地的热量并将热空气引入室内	主动
液体循环加热	将热水循环通过房屋各处的散热片而达到取暖的目的	主动
不依赖于电网的光伏能源	不依赖于电网的条件下，利用光伏电池储备太阳能以备不时之需	主动
太阳能热水器	利用太阳能取代燃油或燃气，来加热房屋用水	主动
空间加热器	直接与太阳能电池板相连的小型加热器，将水或空气加热，可加热大小一定的空间	主动
热质（thermal mass）	砖块、石块、瓷砖和混凝土在白天吸收热量，在夜晚将热量慢慢释放到室内	被动
窗户	双层窗户和特殊釉涂层可以阻止热量损失	被动

板可以存储和分配太阳能。在以下两种类型的主动系统中，太阳能收集器和加热或冷却过程协同作用：热水收集器可以加热循环其中的水，空气收集器可以加热空气然后通过风扇使其分散在整个建筑里。

木材炉和地热泵同样也在绿色建筑中发挥了作用，但通常是在家庭而不是公共建筑中。上表描述了为家庭提供热能的被动系统和主动系统。

如果房屋大小适合使用，家庭可以更好地控制空调。换言之，一个四居室、两个卫生间的房子适合一个六人家庭，但同样的房子在只有两个人的时候就浪费空间和空调能量了。只有当能量分布和

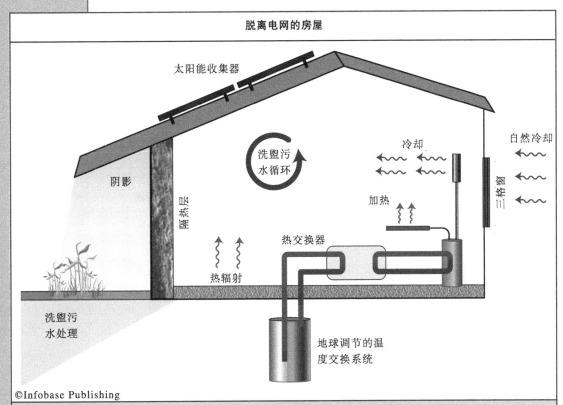

脱离电网的房屋

太阳能收集器

阴影

隔热层

洗盥污水循环

冷却

自然冷却

加热

三格窗

热交换器

热辐射

©Infobase Publishing

洗盥污水处理

地球调节的温度交换系统

绿色建筑的设计中包含了许多节省能源和自然资源的措施。完全脱离电网的房屋完全依靠自身来产生电能、热能、光能，而不依赖当地电网。越来越多的公司开始出售支持该种房屋的产品，帮助房主回收洗盥污水，净化有害气体，回收材料及管理取暖、降温和通风。

供热系统能够与建筑相适应的时候，才会运转良好。

　　绿色建筑供热系统维修方便，并可以长期使用。被动系统可比主动系统节省更多的能源和资金，但依赖于被动系统的房子需要额外的设计计划和特定的地理环境。为了充分使用被动能源系统，建筑师和建筑商需要考虑以下措施：

● 朝南的大窗户可以最大限度地获取阳光，用于供热和照明

● 可伸缩的遮挡板可以在炎热的季节阻挡阳光

● 适当的隔热用来保证空调效率

● 给房屋选择合适的地点以使太阳能电池板及被动加热达到最大效率

即使是大型建筑物在理论上都可以成功地成为绿色建筑。例如，位于马萨诸塞州剑桥市的哈佛大学的黑石综合办公楼，使用了复杂的太阳能供热系统来日常供暖。屋顶安装的太阳能集热器把太阳热量转移到装有不断流动的防冻液体的管道中（防冻保护是用于抵抗由于季节变化而骤热骤冷的温差波动）。液体循环至装有热交换器（heat exchanger）的建筑物地下室，把防冻液体中的热量转移到整个建筑物的热水系统中。

旧金山的公共事业委员会（PUC）已开始规划一个具有附加功能的 12 层建筑。以下的环保技术将成为新建筑的一部分：制造能量的屋顶风力涡轮、补充电力的太阳能板、水龙头感应器和按需热水器，及洗盥污水回收装置。2007 年，公共事业委员会的经理安东尼·艾伦（Anthony Irons）说："我希望我们可以设计出一个完全不依赖电网供电的建筑。"电力公司和其他企业也可以建造类似的建筑，来证明绿色建筑不仅仅适用于小型建筑，也适用于其他各种建筑。

冷却和通风

像加热一样，冷却和通风都有被动方法来节省电力，如在窗户上悬挂遮阴板，在窗户上涂着反光涂料以减少阳光，以及利用从窗户近来的徐徐凉风。

绿色建筑的冷却和加热遵循同一个原则：冷却应该主要由被动方法进行，也可加上一些简单的主动方法。如下的结构或措施有助于保持建筑物在炎热的天气保持凉爽：遮光悬板和遮荫树，晚上打开窗户流通凉爽空气，在有空调的地方安装吊扇，良好的隔热性。绿色建筑的住户也可以使用其他手段来保持室内凉爽，如避免闲置房的冷却；将电器（冰箱、洗衣机和烘干机）搬到地下室或车库使它们不在室内散热；尽量减少在最热的天气使用烤箱；在晚上才使用诸如洗衣机和甩干机之类的电器；干衣机的排气口放在室外；使

空调能量节省率		
能量 - 效能评分	计算	能源之星标准
能量效能比（EER）	以英热单位（Btu）为单位的降温输出除以以瓦特时（Wh）为单位的能量消耗	中央空调：11 房间空调：9.4
季节能量效能比（SEER）	以英热单位（Btu）为单位的季节性降温输出除以以瓦特时（Wh）为单位的当季美国平均能量产出	中央空调：14 房间空调：无评分

用排气扇把浴室的湿气排到室外。

使用电动空调的业主可以通过仅仅在需要时使用空调，保持空调有良好的维护状态，用新型节能设备更换旧窗户或户外设备等，来降低能源消耗。

绿色建筑的空调系统应满足上表显示的一个或两个等级。家电制造商的一个自愿性计划"能源之星"对空调进行了评级，表示它的能源效用等级。消费者应选择已达到或超过上表评级的空调。"能源之星"评级空调还包含其他节约用电的功能：可变速、可仅吹风的选项、可更换的过滤器。

绿色建筑的业主可以决定使用以下两种替代空调的任何一个：蒸发冷却器或无管（也称为分裂系统）空调。蒸发冷却器向屋子里喷细水雾，利用水蒸发来冷却房屋。无管空调管将制冷剂从户外输送到房间。每个房间里有一个小风扇，把冷却的空气再传送到屋内。

通风一直是最简单的任务：打开窗户即可。但许多现代建筑用的是密封窗户，完全依靠空调和暖气来调节室内温度。这种方法在能源消耗方面要支付巨大的代价。因此，绿色建筑包含创新的通风系统，尽量减少能源的浪费。

建筑物可以使用四种不同类型的节能通风系统，按照能源的需求的花费由低到高罗列如下。第一，打开窗户，通过窗户和门周围不完全的密封进行自然通风。这种通风方式是零能源需求，但居住者除了开关窗户之外，无法对能源进行控制。第二，排气通风把室内空气转移到室外，并有助于控制室内湿度，但它依赖于自然通风带进室内的新鲜空气。第三，平衡通风，包括单向排气扇和带来新鲜空气的单向进气扇。第四，中央通风系统，在把新鲜空气吸入室内的同时，将等量的浑浊气体排出室外。绿色建筑的中央通风系统往往利用热交换器来帮助调节温度。许多绿色建筑把太阳能和空调系统相结合，以减少能源的使用和消耗。

保温隔热

保温隔热在调节室内环境过程中具有至关重要的作用，其可以通过减少加热器和制冷器工作的方式，达到节省能源的目的。热量以如下三种方式在建筑物中传播：

- 热传导——热量直接从一个分子传递到另一个分子
- 热对流——热量在空气或水中的传播
- 热辐射——热量从一个高温表面经过空气传导到低温表面

隔热可以减少传导中的热量损失。良好的绝热材料可以杜绝热量从温暖的材料到凉爽的材料之间的转移，反之亦然。因此在冬季，绝热材料可以防止建筑物墙壁和地板把热量传到户外，夏天恰好相反，阻止热量进入屋内。

多年来绝热物是由氯氟烃（CFC）和氟氯烃（HCFC）制成的泡沫板组成。这些化合物对健康和大气有害，所以绿色建筑放弃使用它们。绿色建筑中有许多隔热效果良好并且对健康没有危害的材料。在某些情况下，这些材料也可从其他用途径中回收得到，从而有助于减少废弃物。下表列出了针对绿色建筑推荐的隔热材料。每个材料相关的 R 值，表示材料的热阻（thermal resistance），意味着材料的减缓热量传递的能力。R 值越高，隔热材料减缓热量传导的效果越好。

绿色建筑的隔热材料			
隔热材料	每英尺（2.54厘米）的R值	一般用途	优势
棉絮（batt，合成隔热纤维）			
玻璃纤维	2.9~3.8	墙壁、地板、阁楼	安装简便
棉花	3.0~3.7	螺栓框架、托梁、横梁	
松散填充料			
纤维，密实充填	3.4~3.6	墙壁、天花板、阁楼、地板	适用于形状不规则和难以触及的地方
玻璃纤维，密实充填	3.4~4.2	墙壁、天花板、阁楼、地板	
矿物棉	2.2~2.9	需要气密密封的墙壁和天花板	
喷涂隔热			
聚氨酯泡沫	5.6~6.2	墙壁、阁楼、地板	覆盖难以触及的地方，并达到气封、隔热的效果
聚水基软化泡沫	3.6~4.3	墙壁、阁楼、地板	
潮湿喷涂纤维	2.9~3.4	墙壁、阁楼、地板	
预喷涂玻璃纤维	3.7~3.8	墙壁、阁楼、地板	
泡沫塑料板			
拉伸的聚苯乙烯	3.9~4.2	地下室石墙、地板	很薄的材料有很高的隔热值，也可用来覆盖螺丝钉和墙洞
压缩的聚苯乙烯	5.0	地下室石墙、地板	
聚异氰酸酯	5.6~7.0	外墙	
聚氨酯	5.6~7.0	外墙	
酚醛树脂隔热，密闭槽	8.2	外墙	
酚醛树脂隔热，开放槽	4.4	外墙	

资料来源：David Johnston and Kim Master. *Green Remodeling——Changing the World One Room at a Time* (Gabriola Island, British Columbia, Canada: New Society Publishers, 2004)

在如今可供选择的隔热材料中，许多来自于生物资源。纤维素是植物里的纤维分子结构，是报纸和纸板的组成部分。纤维素隔热材料可以由回收的报纸和瓦楞纸板箱制成。生物隔热材料，如以大豆为基础的材料，可能存在打开的细胞或关闭的细胞之别。这是指加工成外壳变成绝缘材料之前的等级。生物绝缘应尽可能不选择泡沫，因为在制造泡沫材料过程中会产生一些温室气体。除了考虑绿色建筑中使用的隔热材料，法律要求所有的隔热材料内含有阻燃剂，以减少可燃材料燃烧的机会。阻燃剂既可以在制造过程中添加，也可以在安装前喷洒到隔热材料的表面。

采　光

采光是指最大限度在室内利用自然光线，在白天尽量减少人造电子光线的使用。绿色建筑采取了一系列方法，使户外光线遍及建筑物内的每个角落。下列的所有采光技术一旦建成，使用时则不需要任何能量：

- 高窗——墙面高处的水平小窗，用以采集冬天比较低的阳光
- 光架——接近窗户的水平反射板，将光线反射进入房间更深处
- 光井——沿着建筑物外部垂直安置的装有窗户的竖井
- 反射面——可以将光线反射进入房间更深处
- 太阳能管或烟囱——管的一端为屋顶的天窗，通过阁楼，另一端为房间的天花板，允许光线进入内部房间
- 天窗——安装在屋顶的宽阔的装置，允许光线透过天花板
- 窗户朝向——窗户面朝东或面朝西，以增加自然采光
- 窗户位置——根据建筑所在维度调整窗户高度而得到最大采光

良好的采光系统应尽量减少电力的使用并支持供热系统。绿色建筑设计人员使用计算机程序来预测每个季节一个建筑物能接收的阳光的程度和方向。有了这些结果，设计师可以设计窗户的方位，

绿色建筑建造者将新建筑周围的环境也纳入设计考虑范围。绿色建筑可以最好地利用当地的阳光、微风、土地和气候。最成功的绿色建筑可以和环境融为一体。
(Lake Attractions)

从而提供最佳的采光条件。当建筑师计划出窗户的最佳位置，然后考虑其他结构如天窗和高窗，为建筑物补充自然光线的射入。

能源公司太平洋天然气和电气公司（PG & E）支持一个名为"采光倡议"的计划，为了以下两个目的：鼓励建筑设计更好的采光；并提高人们对采光的益处的认识。1999 年，采光倡议支持的一项研究，以确定改进学校日光照射对学生的影响。PG & E 公司在其《学校采光》的报告中陈述道，优异的成绩与教室的采光之间存在正相关的关系。从这项研究起，其他研究已经表明，良好的采光可以提高学生在上课时的视力、心情和表现，从而提高学习成绩。

除了学校，其他类型的建筑物也通过改善采光来增加顾客的注意力、兴趣和良好的情绪。以下类型的建筑物已经探索了获得更好采光的方法：博物馆、零售商店、超市、办公楼、医生办公室和体育俱乐部。

2006 年，艾米丽·拉宾（Emily Rabin）为 GreenBiz.com 写

的稿件中说："良好的采光设计可以节省高达 75% 建筑物中用于照明的能源。"但是，采光不仅仅意味着给建筑物增加许多窗户。采暖通风与空调工程师艾瑞克·特鲁洛夫（Eric Truelove）告诉拉宾："采光设计的最大问题是，我们仍然采取传统的建筑方式开展采光项目。"特鲁洛夫提出，只有建筑师、工程师和建设者共同努力，了解建筑物内光的传播，才能达到最好的采光效果。例如，大窗户增加了阳光照射，但也明显产生热量和眩光。因此，建筑物的住户会关闭百叶窗，打开电灯。由于这些原因，采光已演变成一个在绿色建筑设计中十分重要的因素。

窗 户 技 术

当前的窗户技术在绿色建筑的采暖、冷却、保温、通风、照明和电器使用中发挥了重要的作用。滞后的窗户技术削减了合适的保温、建材和其他节能组件所取得的优势。

窗户和太阳能共同建立一个可持续发展的结构，因为窗户对一个建筑的能源节约产生重大影响。在传统的建筑中，能源以热能的形式通过窗户流失占据了整个建筑物热能流失的 25%。这导致了

节约能源的窗户技术	
技术名称	描述
镶玻璃	根据不同的镶玻璃类型和窗户朝向，可以减少不需要的热量或者提高热量传导效率
高通透	通常和低散失窗户共同运用，可以让阳光最大限度地通过窗户
低散失（low-E）	冬天在窗户内侧面加上一薄层，将热量反射回室内；夏天则将其加在窗户外侧面
多层窗户	双层或三层玻璃比单层玻璃的隔热效果提高两倍以上，两层间的氩气或氪气可以减慢热量的传导
超级窗户	在多层玻璃的窗户的每层间加入薄膜

建筑物业主更多的能源花费和以及能源网上更高的能源需求。

窗户增加室内舒适度的功能与建筑物本身的三个组件有关。首先，由木材、塑料或玻璃纤维而不是铝或钢制成的低导热窗框，可以传导更少的热量；第二，在窗户旁安置保温材料可以使窗户与材料共同发挥保温作用；第三，窗帘和悬挂板可以协助窗户在寒冬时节保温，在酷暑时散热。

窗户玻璃的技术在节能领域也十分领先。上页表格表总结了现在在绿色建筑上使用的最有发展前景的窗户技术。

窗口接收率称为 U 值，是绝热材料的 R 值的倒数。

$$U 值 = 1/R 值$$

建筑商基于建筑物或是房间需要的光和热的数量来选择窗户。大多数绿色建筑使用 U 值接近 0.20 的窗户。低辐射窗户的 U 值大约是 0.35，超级窗户的 U 值为 0.15~0.30。建筑商和业主根据建筑物接收的阳光和其主要气候类型来选择合适的技术。太阳能热增益系数（SHGC）是另一种标准，被窗户制造商用来描述一个窗户的阳光通透能力。在 0 和 1 之间这样较低的 SHGC 值，表明通过窗户的阳光较少，高 SHGC 值则表示更多的阳光可以透过窗户。

窗户的太阳能薄膜不同于那些开始取代太阳能板的太阳能薄膜。窗户薄膜是在玻璃表层的一层薄薄的涂层，目的是协助控制温度，阻止紫外线（UV）进入。紫外线辐射与某些癌症，特别是皮肤癌有密切关系，而且也会淡化家具和地毯的颜色。在弗吉尼亚州的马丁斯维尔的国际窗膜协会上列出了窗膜的以下功用：

- 阻止高达 99% 的紫外线辐射
- 减少热量传递
- 减少眩光照射
- 耐划痕和耐粉碎

新类型的窗户可能有一天会包含太阳能电池。玻璃制造商可以把非常薄的太阳能电池嵌入玻璃板中。然后窗户就成为建筑物吸收

案例分析：澳大利亚的四向房屋

1993年，澳大利亚的纽卡斯尔大学建筑学教授琳赛·约翰斯顿（Lindsay Johnston）开始设计一个占地面积达2620平方英尺（243平方千米）的房屋，来抵抗危害着澳大利亚乡村的快速蔓延的森林大火。除了为房屋选择抗火材料外，约翰斯顿设计了一种不依赖于当地电网而给房屋供能的措施。为了达到节约能源的目的，建造者特别设计了房屋的朝向，以达到最佳的取暖、遮阴、防风的目的，同时可以欣赏各个方向的风景——四个方向。

2003年，约翰斯顿接受澳大利亚NineMSN采访的时候表示："四向房屋完全不依赖于当地电网，因此我们通过光伏电池及一个备用发电机来获得电能。我们还使用太阳能无线电话，并收集雨水和生活废水来浇灌蔬菜园。但是剩余的技术就非常简单了。"四向房屋的其他特点包括：太阳能热水器，以丙烷为燃料的火炉和冰箱，以木材为燃料的壁炉，利于交叉通风的低墙，以及穿过房屋中心的通道以利于通风和降温。其还依赖一个复式屋顶系统来自然降温，这个系统使得气流从较低和较高的屋顶之间进入屋子。

约翰斯顿认为四向房屋建造的独立能源系统非常有价值，因为这个房子位于市政设施缺乏的东澳大利亚地区。为了使独立于电网的生活不至于脱离社会媒体，约翰斯顿安装了一个太阳能电话和网络连接系统。

像许多绿色建筑一样，四向房屋所用的材料不仅仅为居住者提供了遮风挡雨的住所，还对房屋的取暖、降温和采光有一定的帮助。低墙使得阳光可以照射到房屋的每一个角落。房屋的隔热系统以聚氨酯和平毛毡为原料。约翰斯顿还使用了许多保温材料，如精巧的混凝土地板、混凝土砌块墙和砖制外墙，可以在天寒地冻之时释放储存的能量取暖，在烈日炎炎之时散热降温。

四向房屋也拥有一些其他绿色房屋所不必具有的特点。因为其所处地区有很高的火灾危险，因此四向房屋有一个钢制的屋顶和其他一些钢制结构。壁炉所用的木材来自于房屋周围的森林，从而可以降低火灾蔓延到四向房屋的危险。其他的一些防火措施可以在炎热干燥的地区如南加州使用。

　　四向房屋向人们展示了绿色建筑是如何既对环境损伤小，又和周围的环境融为一体的。此外，四向房屋还提供了一个传统房屋所不具有的舒适而平静的生活环境。建造像四向房屋这样的建筑，相对于传统房屋来说，需要更多的努力、设计和成本。现在，四向房屋正通过将其部分房间作为周末生态屋提供给游人居住，来收回其建造成本。

琳赛·约翰斯顿的四向房屋代表了建筑设计的新理念：建筑应与自然融为一体而不是约束自然。而这也构成了绿色建筑设计的基础。（Ozetechture）

利用太阳能的一部分。液晶显示器（LCD）屏幕的出现，以及纳米技术（nanotechnology）的问世使太阳能电池窗户在不久的未来将成为可能。2007 年，太阳能膜工厂的经理查尔斯·盖伊（Charles Gay）在接受路透社采访时说："太阳能薄膜利用（太阳能的）效率正在逐渐提高，只是它们并没有像太阳能板那样运用广泛。其仍处于阶段之中。"太阳能电池窗户开发的成功将是绿色建筑能够最大限度地捕获和利用太阳能的一个重要步骤。

窗户技术工程和其他建筑材料和元素如建筑物朝向共同发挥作用，使绿色建筑达到节能高峰。上述工具栏"案例分析：澳大利亚的四向房屋"介绍了一个绿色建筑的著名范例，其结合了材料、照明、废物管理的最佳选择，以达到减少能源消耗的目的。

节　水

清洁的水源和能源在建筑物中有着同样重要的地位。任何生物体不可能长期存在于没有水的环境中。绿色建筑利用回收再利用水和收集雨水的技术来实现节约用水的目的。

一个典型的美国四口之家每天在家里大约使用约 350 加仑 (1325 升) 的水，在工作或是学校等户外用水不算在其中。其实行为上小小的行动就可以减少水的浪费，可采取如下行动：

- 淋浴而不是盆浴
- 在等待流出时收集流出的冷水，用于浇灌植物和清洗宠物等
- 在洗每个盘子之间关掉水龙头
- 把洗衣机和洗盘机装满后再洗
- 种植耐旱植物
- 只有在清晨或傍晚时才浇灌花园

水暖供应商也提供各种产品用以降低水的使用和浪费。下表提供了最有效和最常用的绿色建筑或传统建筑节水设施的信息。

节水设备	
设备	节水方法
堆肥厕所	将粪便送到堆肥地，而避免依赖水流冲洗
洗碗机	新的洗碗机可以将容量减少将近一半
双冲水箱抽水马桶	冲洗固体废物使用一定体积的水，冲洗液体废物使用更少的水
瞬时加热器（按需热水器）	在水龙头附近的电加热模块可以快速加热一定体积的水，当水流停止时可以自动停止工作
限流设备	通过限制管道内径，每分钟可节省 2.5 加仑（9.5 升）水
前开口洗衣机	相对于每次用量达 8~14 加仑（30~53 升）水的上开口洗衣机，其可减少 1/3 到 1/2 的用水量
洗盥污水再利用	将洗衣机、水槽和洗衣房内的洗盥污水回收，用来冲洗厕所和灌溉
低流量喷头和水龙头	减少水流量
低水量冲洗厕所	将正常冲洗容量减少一半，就是从每次 4~5 加仑（15~19 升）减少到每次 1.6 加仑（6.1 升）

美国社会的每一个水公用事业公司都对如何在屋内和屋外节约用水提供了一些建议。绿色建筑与传统的建筑不同的是绿色建筑商更特别留意了洗盥污水的管理和雨水的收集。洗盥污水的回用近几年越来越受欢迎，尤其作为浇灌花园用水的来源。绿色建筑的某些装置可以通过收集雨水并将其存储在地上或地下储水箱中来获得额外的水。许多绿色建筑物都有水箱，可以简单地收集任何落入它们中的雨水。然后水可以流动到储存箱中。建筑师常常为房屋增加一些设计，如沿着屋顶的边缘设计排水沟等，可以直接把雨水引入蓄水池。

收集雨水再利用的方法被称为雨水收获。雨水通常是软的（包含少数金属或盐）和干净的。使用雨水洗衣服、洗碗之前，需要很少的或几乎不需要对其进行额外处理。储存雨水用于饮用时应先经过处理，让雨水先通过储水罐和水龙头之间的过滤器。处理过滤器包含以下两个部分：一个是去除有机物质的碳过滤器；一个是去除微粒的膜过滤器。

废物管理流

绿色建筑中的废物管理意味着对洗盥污水和其他废弃物的管理。废物管理始于新的绿色建筑的建设活动，并继续存在于居民的日常生活中。绿色建筑商们懂得应减少木材废料和其他多余废物，但仍然不可避免地产生一些建筑废料。优秀的建设规划会罗列出废弃的木材、混凝土、石料、花岗岩、布料和隔热层，以及其中可以被再使用的东西。

绿色家园里面，业主自己管理自己的废物流，包含建筑物在一段时间内产生的总的废物种类和数量。主要的废物流包括食物垃圾、废纸和其他可循环材料、厕所、洗衣机、水槽和淋浴的液体废弃物，以及固体人类废弃物。大多数家庭减少废物量的方法是将垃圾搬运工运走的可回收材料分离出来。绿色建筑具有额外的功能，以防止其他废物进入庞大的社区废物流。

许多小型和专业的公司提供减少家居废物的产品。堆肥公厕作为一种减少固体废物和消除健康危害的措施，已经被人们所接受。堆肥厕所按照以下两种方式中的任何一个来工作。第一，厕所内放置一个提供降解废弃物的酶的容器；第二，厕所可以用酶处理废物，然后直接把部分处理过的废物排入人工湿地中。专家们可以构建含有各种植物的湿地，并提供一个缓慢而稳定的水流，这两点都可以帮助自然微生物分解废弃物。因此，人工湿地就可以像自然湿地那样履行分解有机物质的职责。

减少废物的其他技术包括非肉类厨房废物的户外堆积田，洗盥污水回收利用系统，收集布料用于定期的增强房屋隔热。

脱离能源网

致力于不依靠负载过重的地球自然资源生活的人找到了富有创

造力的方法来脱离能源网。即使是小社区，也可以通过所有社区居民的通力合作来实现脱离能源网的生活方式。罗克波特镇（人口1300）坐落在密苏里州的西北角，在2008年完全脱离能源网，而是靠四个巨大的风力涡轮发电机提供能源。罗克波特镇的怀疑论者怀疑一个即使和他们的一样小的镇子是否真的可以脱离能源网络，但是它们坐落在有风，甚至是强风吹过的中部平原。领导脱离能源网生活方式的一名居民埃里克·张伯伦（Eric Chamberlain）承认："我曾经也怀疑这是否能发生。但是现在，并不是在一百万年之后——这超出我的想象。"在风大的季节，罗克波特镇生产比他们可以使用的更多的电量，于是他们把多余的电量放入政府能源网中。在风小的季节，通过从电网中提取电量弥补了生产的不足。罗克波特镇未来可能会安装包括储能系统在内的设备，这样涡轮机产生的多余能量可以储存下来以备后来使用。

尽管只是个小镇，密苏里州的罗克波特镇证明了脱离能源网的生活方式也可以在任何地区使用。家庭与商业用电在能源网中所占份额越来越大，也许最简单地将其从能源网中脱离的方法就掌握在每个人的手上。2006年，环境学者亚历·斯特芬（Alex Steffen）在《世界变化：21世纪用户指南》一书中写道，如果屋顶上有太阳能板，在后院有风力涡轮的房屋会让你想到嬉皮士公会，那么你脑中的画面已经过时了。任何一个有一点自己动手兴趣和一些可支配的收入的人都能够从安装一个家庭能源系统中获益。这些设施可以在长期真正节约你的金钱，并可以用最清洁、本土的方法提供大部分或所有你需要的能量。这样一来，似乎很难有一个理由让你不把现有的设施转变为一些类型的可再生能源。

风力发电的支持者认为，建立由风力支持的脱离能源网的社区比安装太阳能系统更加便宜与可行。与需要大量的工作才可能脱离能源网的大城镇或城市相比，小于10 000人小社区可能是最佳试验地。2009年，倡导风力社区的迈克·鲍曼在接受《E/环境杂志》

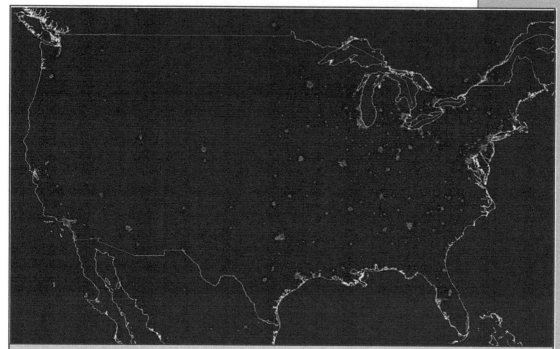

上图标明了美国高能源消耗的地区，其分布和美国大人口城市的分布一致。其还表明，国家能源网所面临的最大挑战是建设能源网，从而可以在经济状况下解决供电故障，并且可以调节能源量以适应不断增长的人口的需要。（NASA）

采访时说："整个国家80％的地域都是靠电网供电。70年后，我们现有的系统，能够把少量的能量同时提供给成千上万的地区。换句话说，美国的能源事业已经有了一个很好的分配设施，可以给成千上万的小社区带来可再生能源。"

鲍曼指出了与大风力发电企业相比，社区规模的风力发电站所具有的优势。以下建议也可以提供给太阳能发电、地热发电或生物质能源发电等设施：

● 互联的中型装置可以比大型电厂在当地地理条件中更好地运作

● 目前大多数电网输电线路中没有足够的电缆，用来传输太阳能、风能或地热资源产生的电能

● 发电管理人员可以在能源起伏不定时更好地控制分配和储存

●小型系统可以使用现有的电力传输线

太阳能、风能、地热能以及其他可再生能源已在美国和国外取得了足够的成功经验，表明这样脱离能源网的方法是可行的。他们只需要良好的规划，以税收抵免形式的经济支持，得到整个社区的积极支持。公众有足够的资源，以保证脱离能源网生活的实现。在支持创新和绿色工业发展的强大经济体中，脱离能源网的生活最易成功。

小　　结

无论在大城市还是小城镇，绿色建筑都是可持续发展生活的支柱。今天每个正在建造的建筑如果都能更多使用太阳能，减少使用燃煤能源；更多使用洗盥污水，减少使用城市自来水；更多的现场回收废弃物，减少送往废物处理厂的废物，就有助于能源的可持续性。而这需要建筑师、设计师和环境工程师的共同努力。

在所有可持续发展建议中，绿色建筑可能是前景最光明的一个，因为这个领域的新技术层出不穷。LEED 这样的程序促使业主和企业建设绿色建筑，越来越多的城镇需要建设绿色建筑，美国可能会向着建设脱离能源网社会这样不可思议的方向发展。虽然今天美国和其他国家仍然离这个目标有一定距离，但是愿望和技术使得在近期而不是在遥远的未来达到可持续发展的一定水平成为可能。

作为脱离能源网生活的关键一步，建设者首先在加热、冷却和电力系统的能源效率方面采取简单的措施。在隔热、窗户、水循环和废物管理方面的新技术支持了这些系统。绿色的建造者们已经有了由能源消耗型向能源制造型房屋转变的精彩范例，绿色建筑已成为建筑业发展最快的一个方面。

未来的绿色建筑设计将由最新的反馈机制来引导，使设备、房间和整个结构可以最高效率地利用能源。相对于大多数城镇仍然依赖的传统能源分配系统，这将是一个最大的优点。正如环境学家迈克尔·普拉格（Michael Prager）2009 年所描述的一样，现在的能源网在一个世纪内都没有什么变化：巨大的发电厂产生大量的电能，然后通过传输电缆进行传输。这个系统是稳定坚固，但从不聪明，也不懂得沟通技巧。（你是否注意到，只有你打电话告诉电力公司，他们才知道你的家中漏电了？）有了这个想法，那么科学家、工程师和公众肯定可以改善目前的能源生产状况。

新建筑物的建筑设计、建筑材料及能源效率方法的新技术，以及广泛的可再生能源将是绿色建筑的未来。在许多地方，这令人鼓舞的未来已经拉开帷幕。

固体生物能源

液体的生物燃料和固态的生物能源都来源于包含有机物的机体。这些物质通常被统称为生物能源（bioenergy）。有望作为主要的未来能源，大部分的生物燃料和生物能源来源于农作物或收割之后的残留部分。生物燃料主要由乙醇构成，这是一种通过植物原料制成的酒精（也称植物乙醇），生产乙醇的植物材料就是由生物质构成的。

乙醇和生物柴油是目前投入使用的两种最主要的生物燃料。1加仑（3.78升）乙醇大约相当于1加仑的汽油所提供能量的67%。生物柴油则来源于从各种植物中提取的植物油，如玉米、大豆及植物油脂等。生物柴油与乙醇相比，包含了不同碳氢化合物的混合物，因此也含有不同的能量：同样1加仑生物柴油相当于同样数量汽油的86%。

在20世纪90年代，生物燃料成为了迅猛发展的替代能源产业的主角。随着对新燃料及可再生能源兴趣的日益高涨，全世界范围内对生物燃料的投资从1995年的50亿美元增长到了2005年的380亿美元，并将在2010年突破1000亿美元。但自从第二次世界大战以来，生物燃料的支持者们却对全球粮食价格造成巨大的影响，粮食价格的上涨出乎所有人的意料。于是，美国及全球的种植者纷纷抓住时机，为生物燃料产业种植粮食，并取代了原有的低价作物。2003~2008 年，美国玉米的种植量就增加了一倍。

高粮价还意味着与粮食有关的一切物品价格的上涨，比如牛肉、家禽及上百种产品等。世界粮食价格不断攀升，并对环境造成了损害。2008 年，《时代》杂志描述的场景对生物燃料给经济和未来环境造成的影响做出了解释：

1. 美国粮食作物的五分之一都被运送至乙醇提炼厂，而非用于粮食生产；

2. 需求的增加引起了世界粮食价格的提升；

3. 玉米额外的专用种植土地使得诸如大豆等其他作物产量锐减；

4. 大豆价格上涨；

5. 随着豆类价格的提高，农民在发展中国家大量种植大豆；

6. 弄名将牧场转变为种植土地，并取代牧场主的位置；

7. 牧场主则砍伐森林以获得更多的牧场。

由于生物燃料带来森林的消失，实际上就意味着濒危物种栖息地的丧失。被砍伐的树木进一步增加了空气中的二氧化碳含量，正如农场主将其们卖不出去的木材燃烧一样造成了污染。由于贫困地区不能种植任何形式的大量农作物，导致了食品价格的暴涨。越来越多的农作物用于乙醇生产，进一步成为了卡车、收割机和运行乙醇提炼厂（称为生物炼制）消耗的燃料。2007 年，康奈尔大学的大卫·皮门特尔（David Pemental）直截了当地说："生物燃料完全是一种浪费，并且误导我们忽视了真正应该做的事——环境保护。这（生物燃料）是一种威胁，而不是一种帮助。"全球的环境组织，以及来自全国资源保护委员会的内森·格林（Nathaneal Greene）这样的经济学家们已经承认："我们现

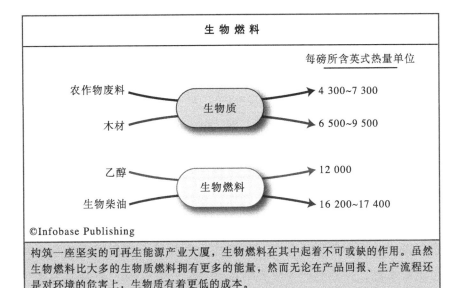

构筑一座坚实的可再生能源产业大厦，生物燃料在其中起着不可或缺的作用。虽然生物燃料比大多的生物质燃料拥有更多的能量，然而无论在产品回报、生产流程还是对环境的危害上，生物质有着更低的成本。

在正在对数字以一种全新的角度加以重视。如果一种可再生能源会最终加剧贫穷和毁坏环境，那它不可能有发展的未来。生物燃料依然保持着很好的研究价值。虽然环保主义者和一些经济学家已经对生产生物燃料心存芥蒂，但是生物燃料组织和联邦政府成员仍然支持生物燃料的研究。

同样，生物能源，也在生物燃料带来的阴影中举步维艰。目前，美国每年可以从生物燃料中获取 450 亿千瓦时的电力，这一数字不到总发电量的 2%。但是，生物能源可能很快就会增加，这是因为生物能源不会干扰现有的农业生产，并可以对全世界的有机废物加以回收。正如本章所讨论的，生物能源已经正式投入使用。

本章讲述了作为可再生能源的生物能源维持持续增长的重要性。并介绍了生物能源的定义，并将其与其他可再生能源进行了比较。本章还介绍了把固体废弃物转化为能源的过程，结尾讨论了生物能源作为可持续发展社会的重要能源的未来发展趋势。最后得出了结论，乐观地看，生物能源会成为能源生产界的一个廉价、用途广泛并且无公害的生态选择。

地球上的生物质

生物学家认为生物质（biomass）是地球上的植物和光合作用微生物产生的所有有机物质的干重（dry weight）。在环境科学里，生物质是植物材料的总体，但也有可以用作燃料燃烧的动物废弃物。

生物质是食物链中所有生物能量的储存形式。生物质的化学能存在于每一个食物链环节中。例如，植物中的生物质以碳水化合物的形式为食草动物提供能量，生物质在这些动物体内以脂肪、蛋白质和碳水化合物等形式存在，然后成为食物链上更高层级的捕食者的能量来源。当动物产生废弃物或者在它们死亡时，生物质为微生物和食腐动物（如大秃鹰）提供能量。

因此，生物质在地球能量循环中扮演着核心的角色。

地球上储存在构成植物和动物的化合物中的所有太阳能等同于生态系统总初级生产力（gross primary productivity，GPP）。当一个植物或动物利用这种能量来生存、成长和繁殖的时候，它必须为了自身需求使用一些初级总生产力。一旦这些需求得到满足，剩下的能量就是所谓的净初级生产力（net primary productivity，NPP），它可以供其他生物使用。

NPP= GPP − R，其中 R 是一个生物系统所需的能量

在能量从一种形式转变为另一种形式的时候，一部分生物质能量以热量的形式散失了。例如，阿拉斯加河里的一种鲑鱼吃水草获取能量，但是鲑鱼不能把 100% 的植物能量转化为动物能量；一些水草的能量以热量的形式散失了。类似地，以鲑鱼为食的一种灰熊只可以转化储存在鲑鱼肉内的一部分能量。其余的能量同样以热量的形式散失了。这样的以层层递进方式传递能量的食物链形式被称为生态金字塔。大量的能源和有机体存在于金字塔的底部，但每提升一个层级，捕食动物变得更少，同时给他们提供的能量也在下降。

地球上把生物质转化为能量的活动，有三种生物方式和一种化学方式。在生物学中，微生物把生物质降解为更简单的化合物，同时释放热量和气体。第一种方法是微生物发酵，把生物质转换成酒精和二氧化碳等其他最终产品。第二种方法是微生物的厌氧反应，这种反应需要在缺氧条件下发生。厌氧反应主要产生甲烷气体。第三种生物方法是呼吸作用（respiration），动物和一些微生物会使用这种方法。在呼吸作用中，有机体消耗氧气，把糖转化为能源，然后释放二氧化碳和其他最终产物。而地球上的化学方法则是通过燃烧产生生物能量。雷击可能点燃一片森林，然后造成枯叶、树枝以及活着的树木燃烧起来。

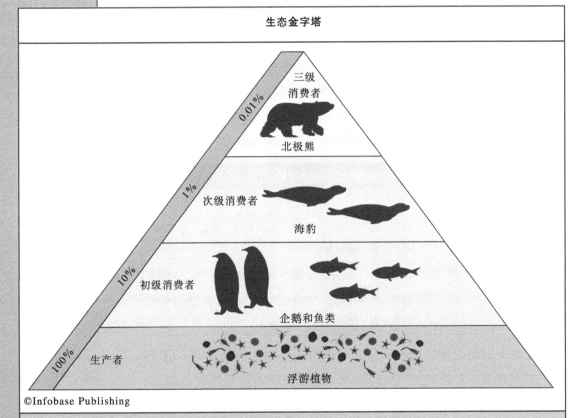

生态金字塔

0.01%　三级消费者
北极熊

1%　次级消费者
海豹

10%　初级消费者
企鹅和鱼类

100%　生产者
浮游植物

©Infobase Publishing

生物学和化学都遵循热力学定律：①能量既不能凭空产生也不能消灭；②当能量以一种形式转化为另一种形式的时候，总伴随着能量的丢失。而一座生态金字塔正描述了能量利用和丢失的过程。每一个高级食物链的诞生总伴随着能量的丢失，通常来讲，这种丢失是以热量的形式散失的。汽车通过燃料燃烧工作也遵循同样的规律，大部分的燃料为汽车提供了动力，但是总有一部分燃料在燃烧的时候丢失了能量。

这种燃烧把由生物质组成的化合物转化成不同的化合物，并伴随着热量的释放。利用通过生物质燃料释放能量是生物质能源生产的基础。

生物质的种类

不同类型的生物质都可以用于生物发电厂产生能量。而当通过这种方式为商业和家庭生产能量时，生物质被称为原料。原料来源于以下途径：农作物废弃物（称为甘蔗渣）、园艺废料、木材和木炭、纸浆处理泥、城市固体废弃物（MSW）、废水处理中的固体废物、动物排泄物、垃圾填埋场的垃圾。有时植物油和动物脂肪也适合纳入能源生产生物质的范畴。

生物质能源提供了一种优势，因为它几乎可以是任何固体物质，只是在燃烧时可以释放出一种可使用的能量形式。世界各地的主要生物质类型都有不同的来源，所以它们包含多种成分，从而使它们作为能源具有不同的效率。下表中列出了生物质的一些变化形式。

含有多种组成成分的固体生物质	
固体生物质	可能的组成成分
农业废物	秸秆，稻草，插条，叶片，壳，贝壳，葡萄，水果和蔬菜皮，籽，动物粪便等
建筑废物与城市固体废弃物	纸，纸板，生活垃圾，餐馆浪费，衣服和布料，家具等
木材	颗粒，芯片和刨花，测井废物，树枝，树梢，拆迁废料，建筑垃圾，废旧木材，木炭等

几百个世纪之前的文明使用木材作为主要的生物质能源。在 19 世纪初的美国，木材供应了大约90%的能源，随着新机械化的创新，新能源已经取代了木材。如今，木材仅占美国能源使用的 3% 多一点。然而在发展中国家，木材在所有其他能源中占据了主导地位，特别是在农村小社区里。联合国粮食和农业组织（FAO）估计，全世界超过 2 亿人利用木材满足其能源需求。

生物质能量生产使用的是其他行业认为是废物的材料，如作物残留物、树扦插和辅料以及木材下脚料等。木材废料为生物质带来了丰富的原料，在一些木材工厂里，所砍伐的树木仅有一半用于制造产品，而另一半都当作废物丢弃了，而这些恰恰是生物质能源的最佳原料。（National Wild Turkey Tederation）

　　如木材、作物废料和包含纤维素化合物的纸张等的植物性生物质，在燃烧中作为主要的储能形式来释放热量。植物生物质中的三大主要纤维素为纤维木质素、纤维素和半纤维素，而含有大量这些纤维素的物质被称作木质纤维素生物质（lignocellulosic biomass）。这三种纤维有很大的不同，将木本植物与一片柔软的葡萄叶比较，你就就能从中得到答案。一般的植物中包含的纤维素含量如下：木质素占 15%~25%，纤维素占 38%~50%，半纤维素占 23%~32%。

　　木质素为植物的茎提供力量，并且在木质材料中的含量较高。燃烧这种纤维素含量高的生物质对人类有益，因为它们不能消化这种纤维素，却能够消化碳水化合物（如淀粉和糖）。由于纤维素含量高的植物不能很好地充当人类的食物，于是人们提出了把它们作为燃烧能源的想法。基于这个原因，生物质比生物燃料在充当能源方面更有吸引力，正如之前所讨论的，生物燃料会占据原本用于食物生产的土地。

生物质主要是以碳和氢之间的化学键来储存能量。燃烧主要通过如下的过程以热量的形式释放能量：

生物质燃料 + 氧气 + 启动反应的热量 → 废气 + 热量

根据热力学第一定律，能量既不能凭空创造也不能被消灭。在生物质燃烧的过程中，反应所产生的能量等于进入反应的元素所含有的能量。下页工具栏"磷酸键"解释了人类是如何实现这一过程的。热力学第一定律解释了生物质能量的产生。在生物质发电厂，有时也被称为废物发电（waste-to-energy，WTE）厂中，把生物质中不可使用的能量形式转化为可以使用的形式。这些可用能量形式可以是热量、电、用于驱动汽车的能量，以及用于加热或为建筑物供电的燃料。

能源和燃料的转化

生物质是一种可再生能源，因为它们可以无穷无尽。再生的树木和植物、动物的繁殖，以及人类持续产生的垃圾，都是最好的原料。而生物质对于其使用方式，及可以利用其终产物的产品提供了多种多样的选择。例如，欧洲生物质工业协会列出了把生物质转化为可使用的终端产品的七种加工方法，以及可以是生物燃料、热量、电能、化学物质，或其他类型的生物燃料的多种多样的终端产品，例如把木材转化为木炭等。

在美国，工业使用了大量的生物质能源，占全部生物质能量生产的 80%。大约 20% 的生物质能源用于住宅，目前只有 1% 用于

磷　酸　键

　　生物体细胞内进行的新陈代谢反应代表了地球上大型机体的运作方式。无论是细胞还是更大的器官组织，只要有运动、交流和保持结构的要求，就必须制造能量。而与制造能量同样重要的则是在需要之前将不用的能量存储起来。可再生能源系统也同样遵循这样的法则，当燃料（阳光、风、蒸汽等）可用之时，就进行能源生产，并以某种形式加以保存，留待后用。地球上存储能量的最主要的形式是生物质和化石燃料。而有机生命体则将其能量存储在一种化学键之中，这就是磷酸键。

　　一个磷酸根包含了一个磷原子与四个氧原子，是生物界中六种官能团之一。所谓官能团（functional group）就是在机体内参与化学反应的分子。在包括人类在内的所有动物体内，包含有磷酸根的基团将能量从一种分子形式转换为另一种，并且能够在细胞静息时存储能量。三磷酸腺苷（ATP）在酶的辅助下，就扮演着能量存储与转换过程中最重要的角色。

　　ATP分子通过一短链连接了三个磷酸集团。当酶作用于ATP主体与任一磷酸之间的化学键时，键的断裂释放7.3千卡能量。这一能量差不多与咬一小口糖果所耗费的能量相当。生物体内进行的所有复杂反应，都以这样一个能量释放的反应作为前奏。

　　活的生命体将能源物质（食物）转化为可储存的形式（脂肪、碳水化合物等），并将一部分能量转化为可以迅速利用的ATP中的磷酸键。生物质的转换同样遵循热力学第一定律：能量可以从一种形式（生物质中的化学能）转化为另一种形式（生物质氧化所释放的热量），但能量既不能凭空产生也不能被消灭。无论是人体、野生动物，还是微生物、植物，甚至化石燃料都代表着地球从太阳那里所获能量的不同形式。

电力公司的原料供应。电力公司加大对生物质的依赖是一个明智的选择，因为生物质的燃烧是一个复杂的过程，类似于正提供着全球大部分电力的煤炭燃烧。如前所述，生物量也可以用多种方式加工，因此一个新的发电厂可能会选择一个在其自身条件下运作的最好的生物质能源技术。下表介绍了生物质转化为能源的一些优势技术。

生物能源产品包括两种可以提高能源生产的整体效率的技术。第一个技术叫做共同燃烧或混烧。在这个过程中，生物质替代了燃

固体生物燃料科技				
技术	过程	描述	原料	产品
需氧消化	生物化学	微生物对糖的消化，以及之后的蒸馏	粮食 麦秆 木材 纸浆	乙醇
厌氧消化	生物化学	在一个密闭无氧容器中微生物对有机质的消化	废料 废水污泥 城市固体废物	甲烷
生物柴油生产	化学	转化为新的碳氢化合物	种子 动物脂肪	生物柴油
直接转化	热化学	燃烧	农产品废物 木材 城市固体废物	热量 蒸汽 电力
酒精发酵	生物化学	微生物对有机质的消化作用	农产品废物 木材 纸张	乙醇 甲醇
气化	热化学	加热或无氧发酵	农产品废物 木材 城市固体废物	高温气体
热解	热化学	隔绝空气高温处理	农产品废物 木材 城市固体废物	合成油 木炭

煤电厂中的一部分煤炭。共同燃烧有以下几方面的好处：减少来自煤炭的二氧化碳排放量，可能减少二氧化硫和氮氧化物，依赖于生物质成分，易于修改现有的燃煤电厂，并丰富生物质的可用性。

第二个生产技术是生物质能源生产可能很快完善的热电联产。热电联产涉及一个以上种类的燃料同时生产，如热能和电能。据新加坡国家环境局的国家气候变化委员会统计，在发电过程中，新建热电厂比传统发电厂节约了 15% ~40% 的能源。大多数热电厂同时产生热能和电力。

垃圾的能量价值

对于在堆填区新垃圾下面的城市固体废物所具有的能源价值，不应小觑。虽然城市固体废弃物最熟悉的名字是垃圾，但它确实是一种可以用于制造能源与燃料的固体生物质。在垃圾填埋场的最底部，许多有机物质腐烂的地方存在着大量的微生物。在这一层会发生需要少量厌氧细菌的分解反应，并且释放出甲烷气体。很多堆填区都会收集这些甲烷，然后将其传送到能源事业单位，和天然气一样用于取暖和做饭。

生物质循环补充了地球碳循环的自然路径。植物从空气中吸收动物呼出的二氧化碳，并转化为糖供动物食用，这就是能源的使用。当植物或动物死亡或分解的时候，部分的碳变成了二氧化碳，而另一些在巨大的压力下变成了地幔中的沉积物。几百万年以后，碳又转化为固体的煤，或者由于巨大的压力变成液体随之形成原油。因此，生物质是这一古老过程的一部分，并奠定了地球上的生命和能量储存。174 页工具栏"案例分析：芝加哥气候交易所"讨论了如何把 21 世纪的碳循环变成商业交易。

以最简单的垃圾形式，美国人平均每天生产至少 4.5 磅（2.0 千克），每年 1600 磅（726 千克）的生物质。生物质的自然积累非常迅速，因此用它燃烧供能似乎对能源生产和垃圾控制双方而言都是一个绝佳的选择。如今，美国近 100 个废物发电厂几乎燃烧了接近 14% 的固体废弃物。大约 0.9 公吨这样的垃圾会产生与 500 磅（227 千克）煤相同的热量。

许多垃圾填埋场安装了直接通向垃圾堆的管道，以收集厌氧微生物产生的甲烷。这些甲烷也被称为沼气或填埋气体。这些沼气的收集给固体生物质的再利用提供了二次能源。美国大约有 400 个垃圾填埋场，已经能够将沼气转换为可供当地社区使用的能源。根据垃圾填埋场的大小，这样的举措每年可以产生足够电力供几百到几千不等的家庭使用。

废水处理厂按照类似的方法来收集植物中的厌氧微生物通过消化作用产生的甲烷。消化步骤不仅减少了处理厂的剩余污泥量，还能够产生带有很大能源价值的沼气。2007 年，加拿大渥太华 Plasco 废物发电厂的执行官罗德·布赖登（Rod Bryden）在工厂开业时说道："通常来讲，垃圾（通过焚烧）转化为电力的份额不超过 18%～22%。而在我们这里，能够达到 44%～50%，并生产超过两倍的电力。"虽然，垃圾填埋场或污水处理厂的废物发电技术并不像太阳能薄膜及纳米新技术那样充满魅力，但不可否认的是，它依然是可再生能源利用的重要组成部分。

下表总结了当今废物发电技术的主要优缺点。

从生物质中获取的能源产品	
优点	缺点
● 减少了固体废物的堆积	● 砍伐森林时可能造成的环境破坏
● 供应量大	● 依组分和燃烧方式不同带来的排放物
● 变相利用了原本废气的木材、纸浆及纸张、及农产品废物等	● 燃烧产生的烟雾和颗粒会排入大气
● 低花费	
● 减少二氧化碳排放	
● 节约了可供使用的粮食作物	

生物质经济

　　燃烧生物质并获取能源产品的过程，实际上帮助了以下行业减少其废物排放：农业、园艺业、林业和建筑业。它还可以帮助消除污水处理厂和垃圾填埋场的固体废物量。正是通过这些方式，生物质能源产品在全球生物质经济中占据了一席之地。

　　生物质经济是指一个对地球碳化合物加以追踪的计算方法，这其中包括估计碳化合物处于增加或减少的区域。工业革命之前，大气中约有280 ppm（1 ppm 表示百万分之一）的二氧化碳。随着工业化的增长，机械燃烧煤炭、天然气和石油，于是废气被排放到空气中并随风飘散。到了 20 世纪 50 年代，二氧化碳含量已达到 315 ppm，在 2009 年 3 月达到了 388.79 ppm。二氧化碳的水平以每年 2 ppm 的速度正在上升。二氧化碳的增加表明，其他温室气体也呈上升趋势。由于温室气体在大气中有保温作用，因此地球的大气正在逐渐变暖。在《IPCC 2007 年气候变化报告》中，科学家估计，到 21 世纪全球的气温将升高 7.2°F（4℃）。

　　自 2003 年以来，在格陵兰、阿拉斯加和南极洲，已经有超过 2 万亿吨冰层逐渐融化。仅格陵兰一处 5 年内融化的冰水就可以填补 11 个切萨皮克海湾（Chesapeake Bay）。未来海平面的上升，应该让我们引以为戒。因此，必须对生物质能源的生产加以管理，以便使其消除大气中的二氧化碳，而非增加温室气体。虽然生物质燃烧产生二氧化碳。但是，如果新植物的生长速度超过生物质的燃烧速度，那么植物就可以吸收更多的二氧化碳。

　　然而，预测哪里的二氧化碳水平将会增加，以及其对环境的危害程度都并不是一件容易的事情。全世界每年向大气中注入超过 800 万公吨的含碳废气。这些排放量已经给生态系统带来了一些已知的改变。然而，也许还有成千上万未知的改变会逐渐被发现。即便我们拥有当今最好的减少大气中二氧化碳的技术，人们也无法从

案例分析：芝加哥气候交易所

位于芝加哥市中心的芝加哥气候交易所（CCX），作为一个特殊的商业机构，为投资者提供机会，可以对温室气体进行买卖。交易所成型于 2000 年，当时是全球为减少温室气体排放而发明的一种将大气污染与经济结合在一起的商业模式。而芝加哥气候交易所最主要的工具，就是一项称为"碳排放与交易"（cap and trade）的手段。

这一总量控制-交易系统基于如下两个组分来完成其目标：工业必须满足政府所制定的温室气体排放上限，以及对代表温室气体排放量的交易许可。而且这一系统对工业排放量的限制日趋严格。每家公司都持有许可证，标志着其允许向空气中排放的法定废气量。但随着政策的愈加严格，一些企业或单位将比其他公司更容易达到这一新标准。因此，某些公司会超过其法定排放量，而另外一些则达不到这一标准。这就是形成这种上限和交易的基础形式。

在这一系统里，假定芝加哥气候交易所的成员公司 A 的排放量超过了其允许上限，它将从另外一家公司，即 B 公司购买碳排放量，而这一部分排放量也是 B 公司尚未达到标准的部分。例如，B 公司也许已经采用了可再生形式的能源，诸如太阳能或地热能等，并减少了其废气的排放。因此，B 公司可以通过出售这部分碳排放指标给 A 公司，并获取额外的利润。而 A 公司则将这一部分抵消其排放总量。于是，通过这一抵消，A 公司的总排放量就低于其法定上限了。芝加哥气候交易所正是为买家和卖家提供了这种碳交易的方式。这一交易的对象可以是二氧化碳、甲烷、氧化氮、六氟化硫、全氟碳化物（PFC）及氟代烃（HFC）等。

许多人认为，通过购买和出售碳排放量，可以鼓励所有企业降低其排放量，并最终减缓全球变暖的脚步。而 2003 年，即芝加哥气候交易所开业一周年之际，其创始人理查德·桑德尔（Richard L. Sandor）则说："相比其他交易市场而言，我对于环境及社会领域接下来20年的变化感到更加兴奋。虽然这对许多人而言十分复杂，但对我来说却格外简单。"气候交易所自然增加了这一贸易的复杂性，但桑德尔的原始理论依然如此：促使企业减少排放的唯一方式就是将其与利润挂钩。

欧洲现在已经有了一个比芝加哥气候交易所更大的交易市场，而世界上的其他地区也纷纷效仿这一模式。没有人知道，桑德尔的想法是否能够真正对气候改变产生影响，但新的领导人常常对环境提出新的承诺。2009年，一位投资银行家赛斯·扎金（Seth Zalkin）说："随着（美国总统）奥巴马的上台，将加快启动一项针对美国碳排放规定的进程，并随之带来一个更加充满活力的市场。"排放交易市场可能会很快加入纽约及全球的股票市场，并带来新的市场繁荣。

为了取得成功，美国和国际气候交易所必须得到政府的严格控制，正如美国证券交易委员会（SEC）对纽约证券交易所（NYSE）的控制一样。在2009年政府间气候变化专门委员会（IPCC）发布的一项评估报告《气候变化报告》中，特里·巴克（Terry Barker）与伊戈尔·巴氏莫科夫（Igor Bashmokov）警告说，各行业可能会逐步通过形成某种上限与贸易方式，使得他们在减少排放上的动力大大下降。芝加哥气候交易所及全球各个碳排放市场上的贸易也许会最终对全球变暖产生影响，但前提是必须涉及更大数量更大规模的企业，并包括政府制定对于价格及贸易的有效规则等。购买碳排放的企业还必须朝着降低其排放的目标努力。如果没有这些措施，气候交易也仅仅是纸上谈兵，并不会对环境产生任何有利的影响。

不断增长的人口和扩张的工业中，对环境加以彻底的保护。气候研究员苏珊·所罗门（Susan Solomon）在 2009 年警告说："人们曾经天真的以为，一旦我们停止了二氧化碳的排放，气候就会回到100 年、200 年前那样，但事实并非如此。"环境科学家必须依赖于尚未发明的技术来减缓碳沉积的速率。

小　结

　　与太阳能卫星、大型潮汐能量收集站及其他未来可再生能源等项目相比，生物能源产品仅仅扮演着一个相对简单的角色。与已经进行了几个世纪的传统活动一样，生物质能量的基础也正是收集那些燃烧有机废物所产生的能量。而新的生物质能源产业将采用最优的能源方案以及替代方法，来尽可能优化这一过程。

　　生物能源生产有助于减少全球巨大数量的废物，并将对化石燃料的依赖降至最低程度。换句话说，生物质完成的目标，与社会必须降低其生态足迹的目的相一致。要在清理环境上有所作为，生物能源必须避免早期形式的能源、甚至生物燃料所犯下的错误。生物质工厂不能像煤电厂一样，依靠喷出烟雾来发电。生物质规划者也必须制定出计划，允许农业履行其本应有的主要职责：粮食生产。如果广大农民放弃种植粮食作物，转而生产生物能量作物。那么，生物质能源也将面临生物燃料发展中所经历过的同样问题。

　　生物质未来要求的生物质能源产业能够改正可再生能源的一些缺陷。首先，生物质的燃烧有污染空气的可能。生物质发电厂将有望安装洗涤器和其他设备，去除排放气体和微粒。其次，一些国家的政府必须确保人们不会开始砍伐树木，为其提供生物能源。破坏植被导致了濒危物种重要栖息地的消失，而且还会造成大气中二氧化碳含量的进一步提高。最终，当与其他种类的可再生能源相辅相成之时，生物质能源的生产将以最有效的方式节约能源和自然资源。

未来所需

可再生能源的课题包括许多尚未解决的问题。但是可再生能源的改革却鼓舞人心，并且继续为能源利用提供新的途径。来自于大学和小型实验室的新想法，是建立在适度却又同样重要的科学技术实验的简单设施基础之上的。比如，在可再生能源的保护伞之下，一个学生可以选择从事以下这些技术的研究：利用太空卫星收集太阳能并传送到地球上；利用微生物能量系统的特殊电池；占据后院一小块土地，建立一块人造湿地并利用大自然分解废弃物等。科学中几乎没有一门学科能够提供可再生能源中涉及的多种多样的科学技术。

没有大量汗水的浇灌，不会绽放出思想的花朵，而许多可再生能源的目标都设定得很高。尽快实现最有希望的技术是很有压力的。越来越多的科学家们在估算化石燃料的利用究竟还能持续多少年，而另一部分人则在计算，还有多少年全球的废物排放会导致永久性的环境危害。我们已经可以将未来预测计算出来，而这一事实，预示着世界的环境条件已经十分可怕。

幸运的是，几乎没有什么环境问题能够打击科学家们研究可再生能源的热情。可再生能源科技必须排序并择优提供发展机会，以保证可行性最高的想法可以最早进入实验阶段，但是这样做的同时，也会导致看起来比较牵强的想法会就此被丢弃。几十年前，几乎没有人曾想象过外科医生可以利用激光治疗病人，学生可以坐在公园里上网冲浪，或者是电脑屏幕可以显示出巴黎人在地球那边的生活。然而，这些想法都诞生于科学假想，现在它们都实现了。科学家们和非科学人士只需要保持他们改革的信念，相信发明可以颠覆地球的运转。

这些未来的想法听起来很令人振奋，但是现在环境急需改善。政府和企业有机会对能量生产做一些改变，可以在未来的几年内影响消费者。华盛顿一个新设立的机构已经明确表示，希望看到在如下领域有更新、更快的发展：一个现代化的全美电网及供应能力的反馈；对电力生产厂严格限制，使其通过可再生能源生产一部分产品；针对公司与家用的货币奖励措施，使其节约能源；针对核能的可行方案；降低温室气体排放的可持续方案，有可能以上限 - 贸易方案为基础；以及实质性的可以替代过时科技的研究，使能源发展能跟上全球需要的脚步。

和其他长期的、技术性且花费巨大的事业一样，这件工作无法只靠一小部分人来完成。政府将通过制定和执行污染标准，监管机构将通过使污染者对其产生的废物负责等方式来发挥作用。行业将推行新的技术，大学将完善能源使用和生产管理方式，市民则发挥其一贯的作用，在需要改变之时提出呼吁。

可再生能源技术对人们提出的唯一要求，就是每个人对于成功的意愿。历史上首次，全球绝大多数的人口都愿意根据环保和可再生的观念进行决策。至少，环保人士发现，这也是破天荒的第一次，人们愿意听从不同的意见，使用新的技术分配电力，为房屋供暖或为汽车提供电力。我们相信，只要有了成功的信念，可再生能源产业终将会为一个可持续发展的明天提供最好的机会。

2009 年石油消费大国及地区	
石油消费国及地区	每日消费石油量 / 百万桶
1. 美国	20 698 000
2. 中国	7 855 000
3. 日本	5 041 000
4. 印度	2 748 000
5. 俄罗斯	2 699 000
6. 德国	2 393 000
7. 韩国	2 371 000
8. 加拿大	2 303 000
9. 巴西	2 192 000
10. 沙特阿拉伯	2 154 000
11. 墨西哥	2 024 000
12. 法国	1 919 000
13. 意大利	1 745 000

续表

2009 年石油消费大国及地区	
石油消费国及地区	每日消费石油量 / 百万桶
14. 英国	1 696 000
15. 伊朗	1 621 000
16. 西班牙	1 615 000
17. 印度尼西亚	1 157 000
18. 中国台湾	1 123 000
19. 荷兰	1 044 000
20. 澳大利亚	935 000
资料来源：英国石油公司	

全球预计能量消费（10^{24} 英热单位）					
地区	2010 年	2015 年	2020 年	2025 年	2030 年
北美洲	131.4	139.9	148.4	157.0	166.2
亚洲	126.2	149.4	172.8	197.1	223.6
欧洲	84.4	87.2	88.7	91.3	94.5
中南美洲	28.2	32.5	36.5	41.2	45.7
中东	25.0	28.2	31.2	34.3	37.7
非洲	17.7	20.5	22.3	24.3	26.8
全球	509.7	563.4	613.0	665.4	721.6
资料来源：Timeforchange.org					

附 录 C

全球能源组织		
组织	总部	网址
联合国国际原子能总署（ZAEA）	奥地利维也纳	www.iaea.org
国际能源机构（ZEA）	法国巴黎	www.iea.org
国际可持续能源组织（ZSEO）	瑞士日内瓦	www.uniseo.org
经济合作与发展组织（OECD）	法国巴黎	www.oecd.org
可再生能源政策计划（REPP）	美国华盛顿	www.repp.org
美国能源部	美国华盛顿	www.energy.gov
世界银行	美国华盛顿	www.worldbank.org

主要可回收材料	
可回收材料	新用途举例
铝	汽车、容器、钥匙
防冻液	防冻液
沥青或沥青混合物	补片、道路材料、房顶
砖	碎砖路面材料
煤灰	吸附剂、混凝土组分
混凝土及其混合物	混凝土、碎混凝土路面材料
棉花	铅笔
计算机光盘	计算机光盘
乙醇	汽油
纤维玻璃	隔音天花板、容器、模型
泡沫	绝缘板
玻璃	包括玻璃球、瓶子、餐具、绝缘材料、宝石、镇纸、瓷砖等在内的 50 多种产品

续表

主要可回收材料	
可回收材料	新用途举例
纤维植物	制衣
金属	包括箱子、房顶骨架、钟表、容器、桌上公文柜、餐厅用品、家具、珠宝、办公用品、标牌、餐具、风琴等在内的20多种产品
含有纤维玻璃、玻璃、纸张、塑料或橡胶等的混合金属	地板、家具、温度计
油	柴油、燃料、齿轮、船舶、汽车或拖拉机用油
有机材料	袋子、碗盘、肥料、食物容器、覆盖物、植物添加剂、土壤改良剂
颜料	乳胶
纸张	包括吸收剂、袋子、书籍、盒子、日历、电脑纸、彩蛋、文件夹、肥料、包裹、打印纸、文具、卫生纸等在内的100多种产品
含有玻璃、金属、塑料、纺织品或木材等的混合纸张	绳索、地板材料、梳子、市场标牌、钢笔、相框、尺子、扫雪器
卡纸板	卡纸板
塑料	包括围裙、汽车元件、背包、袋子、路障、服装、容器、婴儿床、食品容器、家具、绝缘垫、包装、管道、游乐场设备、棚子、体育场座位、砖、玩具、卡车底盘衬垫、通道、废物的容器等在内的300多种产品
含有纤维玻璃、金属、纸张、橡胶、纺织品或木材的塑料	棒球帽、电池、容器、木材、地垫、笔、操场表面材料、尺子、碳粉墨盒、人行道
橡胶	包括沥青、箱包、保险杠、地板、衬垫、木材、垫子、铁路系带、减速路、表面材料、轮胎、草皮等在内的100多种产品
瓦砾	沥青、水泥、混凝土
矿渣棉	绝缘材料、镶板

续表

主要可回收材料	
可回收材料	新用途举例
钢铁	汽车元件、桶、轮胎压力表
纺织品	吸附剂、毯子、衣物、绝缘材料、铅笔和钢笔、宠物床、碎布
乙烯	袋子、地板、标签
蜡	蜡烛
木材	包括宠物床、长凳、柜子、定制模型、容器 甲板、地板、家具、铁路枕木、木片等在内的 50 多种产品
庭院废物	木材
资料来源：RecyclingMarkets.net	

附 录 E

环境科学中涉及的能量单位	
燃料与英热单位的换算关系	
燃料	**英热单位/Btu**
1 桶（42 加仑；159L）原油	5 800 000
1 加仑（3.78 升）汽油	124 000
1 加仑柴油燃料	139 000
1 加仑供暖油	139 000
1 加仑丙烷	91 000
1 美吨（0.9 公吨）煤	20 169 000
1 立方英尺（0.3 立方米）天然气	1 027
1 千瓦时电力	3 412
（1 桶原油 =1 700 千瓦时电力）	
产生 100 万标准热量单位能量所需的燃料数量	
燃料	**数量**
煤	90 磅（40.8 千克）

续表

环境科学中涉及的能量单位	
产生 100 万标准热量单位能量所需的燃料数量	
汽油	8 加仑（30.2 升）
天然气	973 立方英尺（27.5 立方米）
木材	125 磅（56.7 千克）
燃料的单位能量比较	
燃料	**每磅所带英热单位（Btu/kg）**
汽油	20 192（44 422）
生物柴油	16 211（35 664）
煤	11 565（25 443）
乙醇	11 471（25 236）
木材	8627（18 980）
估计能量值（1 Btu = 1055 J）	
事件	**该事件所产生的能量 /J**
宇宙爆炸	10^{68}
超新星爆发	10^{64}
地球轨道	10^{33}
地球上所有的化石燃料	10^{23}
美国一年的阳光	10^{23}
美国的能源消耗	10^{20}
里氏 8.0 级地震	10^{18}
原子弹爆炸（广岛，1945）	10^{16}
将航天飞机运至轨道	10^{13}
1 位美国居民 1 年使用的能量	10^{12}
喷气式飞机横渡大西洋（单程）	10^{12}
1 加仑（3.78 升）汽油	10^{8}

续表

环境科学中涉及的能量单位	
估计能量值（1 Btu = 1055 J）	
2.2 磅（1 千克）TNT 爆炸	10^6
1 枚糖果	10^6
1 节 AA 碱性电池	10^3
人类心脏搏动	0.5
按计算机键盘	10^{-3}
1 光子的光	10^{-19}
资料来源：锡拉丘兹大学物理系；橡树岭国家实验室	

海藻（algae）　在海水和淡水中常见的光合作用微生物。

棉絮（batt）　由合成纤维材料制造的隔热设备，如玻璃纤维。

有益作用（beneficial use）　工业废弃物除了焚烧和填埋外的其他任何作用。

生物能（bioenergy）　任何液体或固体的可用作燃料或产能的生物材料。

生物工程（bioengineering）　将一种生物的基因加入另一种不同生物的 DNA 中，以使其获得新特性。

生物燃料（biofuel）　从植物来的液体或气体燃料。

生物地球化学循环（biogeochemical cycle）　地球不同形式的资源，来自生物和非生物之间的自然循环。

生物质（biomass）　植物或动物产生的作为可再生能量资源的有机物。

生物群系（biome）　由所生活的物种定义的区域，尤其是植被。

生物制造（bioproduction）　通过使用生物来源的而不是化学来源的材料和方法进行加工，特别指生物燃料。

英热单位（british thermal unit，Btu） 在海平面条件下将 1 磅
（0.45 千克）水加热 1°F（0.55℃）所需热量。

碳排放与交易（cap and trade） 通过将超量排放的公司所付的
罚款奖励给低量排放的公司，从而控制空气污染的经济措施。

碳循环（carbon cycle） 不同形式的碳资源在生物和非生物之间
的循环。

碳经济（carbon economics） 记录有益的和有害的碳化合物以达
到检测大气中二氧化碳水平的目的。

卡特尔（cartel） 控制产品供应和价格的政治或商业组织联盟。

燃煤电厂（coal-fired power plant） 以煤作为燃料产生电能的
工厂。

燃烧（combustion） 氧气和其他原子结合并释放出热量的过程。

保护（conservation） 人类有计划的合理利用自然资源。

脱硫（devulcanization） 在橡胶生产和回收过程中使用的方法，
打断原有的化学键而使橡胶重塑成新的产品。

干重（dry weight） 物质除去水以后的重量。

生态足迹（ecological footprint） 计算一定人群生产其所用资源，
降解其生产废物所需要的水和土地资源。

规模经济（economy of scale） 当一种产品进行大量生产时，就
会比小量生产时耗费较少的能源和资金。

生态系统（ecosystem） 物种和其他所有生物和非生物相互联系
的系统。

电磁波谱（electromagnetic spectrum） 太阳放出的所有频率和
波长的射线。

尔格（erg） 在 1 厘米距离上产生 1 达因的力所需的能量（1 达
因 = 使 1 克物体具有 1 厘米每平方秒加速度所需的力）。

指数增长（exponental growth） 以一定的速率持续增长，如细
菌以以下速度分裂：2，4，8，16，32，64，128，256 等。

反馈（feedback）　一个系统末端的信息返回源头的信息。一个学生回答老师的问题就是反馈的一种情况。

原料（feedstock）　进入生产过程中的未加工材料，如制造乙醇燃料过程中的碳。

发酵（fermentation）　利用微生物将糖转化为酒精或气体的过程。

鱼梯（fish ladder）　一种可以让向上游迁徙的鱼类绕过大坝等阻碍的一种方式。

化石燃料（fossil fuels）　由植物或动物分解而来的产物，随着地球百万年运动中高温高压而产生即煤、石油和天然气。

官能团（functional group）　分子中在体内生化反应中发挥作用的部分。

地质调查（geological survey）　一种寻找化石燃料的科学技术，科学家对某地区岩石形成的类型、深度与数量等进行研究的过程。

全球变暖（global warming）　地球大气平均温度的增加。

草根（grassroots）　形容由个人而非政府发起社会运动的阶层。

洗盥污水（gray water）　从水池、淋浴和洗衣设备中获得的多余的水，既不会对健康带来威胁，也可以加以重复利用。

绿色建筑（green building）　一种类型的建筑，可以大量减少不可再生资源的消耗及废物的产生。

温室气体（greenhouse gases）　地球低层大气中含有的可以保持地球产生的及太阳反射热量的气体：二氧化碳，甲烷，二氧化硫，氧化氮，臭氧，水蒸气及氯氟碳化合物等。

总初级生产力（gross primary productivity，GPP）　地球上动植物体内所蕴含的所有来自太阳的能量。

热交换器（heat exchanger）　一种可以分别在冷热天气中将室内与室外空气热量进行交换的装置。

哈伯特曲线（hubbert curve）　一种对石油产品速率变化的图形

曲线，并可以预测全球石油达到峰值的时间点。

混合动力汽车（hybrid vehicle） 以保护化石燃料为目的的可以利用两种不同动力来源的汽车。

碳氢化合物（hydrocarbon） 一种含有碳骨架及与之相连的氢分子的长链化合物。

水力发电（hydroelectric power） 由流动的水动能产生蕴含电力。

水动能（hydrokinetic energy） 在水的运动之中蕴含的能量。

动能（kinetic energy） 运动之中蕴含的能量，例如风和流动的水等。

京都议定书（kyoto protocol） 由多个国家共同签署的，以减少废物排放并抵制全球变暖而制订的国际化条约。

木质纤维素生物质（lignocellulosic biomass） 一种植物源性的生物质，在纤维木质素、纤维素或半纤维素中含量丰富。

兆瓦（megawatt，MW） 一种电量单位，与 100 万瓦特相等；1 瓦特代表了每秒钟 1 焦耳的电能（1 焦耳 =1 牛顿的力作用 1 米的距离产生的功；1 牛顿 = 给 1 千克物体带来 1 米每平方秒加速度所需的力）。

兆瓦时（megawatt-hour，MWh） 1 小时内所做的兆瓦功。

微生物（microbe） 一种对细菌或原生动物等单细胞生物系统的总称。

矿物棉（mineral wool） 一种类似棉质的材料，其中的纤维由纤维玻璃、陶瓷或石头等合成材料构成。

纳米级别（nanoscale） 衡量原子或分子的度量单位。

纳米技术（nanotechnology） 制造原子或分子级别合成材料的科学。

石脑油溶剂（naptha solvents） 一种从汽油加工过程中所得的液体。

自然资本（natural capital） 地球上维持生物及经济的天然资源。

净初级生产力（net primary productivity，NPP） 从总初级生产力中除去动植物生存、生长和生殖所需能量的部分。

不可再生资源（nonrenewable resource） 地球上数量有限的资源，一旦耗竭，则需要几百万年才能再次产生。

核能（nuclear energy） 通过原子裂变（分裂）或聚变（结合）过程而产生的能量。

有机的（organic） 任何含碳的物质。

百万分之（parts per million，ppm） 某种材料百万单位中所含有的物质数量。

光伏电池（photovoltaic cell） 也成为太阳能电池；一种将来自太阳的辐射能转变为电能的装置。

浮游植物（phytoplankton） 在淡水或咸水食物链系统中充当食物的微小植物组织，并可以通过光合作用吸收大气中的二氧化碳。

聚合物（polymer） 通常含有碳骨架的长链化合物。

电网（power grid） 也成为能源网；即生产、储存及分配电力（或天然气）的系统。

初级回收（primary recycling） 也成为闭环回收；是一种以生产更多的同一种材料或产品为目的的回收方式。

工艺水（process water） 在生产过程或其他冲洗、冷却操作中利用过的水。

原型（prototype） 一种以展示新功能为目的的与实物或汽车元件同等大小的模型。

放射性（radioactive） 原子能够释放粒子（α、β或中子等）或能量的状态。

更新（recharging） 指地球对一种耗竭资源的更新方式，通常指的是含水层及地热资源。

可再生能源（renewable energy） 由不会耗竭的资源再生的能源：

风能、潮汐能、水电或太阳能。

可再生资源（renewable resource）　地球上取之不尽的，或是可以通过极快速度更新的与非可再生资源相对的资源：水、地热资源、植物、植被、土壤、动物、生物质、风能或太阳能。

呼吸作用（respiration）　活的细胞或组织中消耗糖和氧气并释放二氧化碳的过程。

河岸生态系统（riparian ecosystems）　小溪、河流、湖泊或河岸周边的生态系统。

轮流停电（rolling blackouts）　发生在电力公司电力短缺以确保电力供应的情况下，并由此带来的街区顺序停电。

洗涤器（scrubber）　一种可以帮助个人或汽车滤过颗粒及某些气体的减排装置。

次级回收（secondary recycling）　也成为向下回收，以制造新产品为目的进行的材料或产品的回收过程。

沉积循环（sediment cycle）　也称为岩石周期，地球通过多种生物及化学方式，将岩石与土壤从地球表面向内部循环的过程。

太阳能聚集器（solar concentrator）　一种含有可以将太阳能电池产生的能量聚集在一起的装置，并可以增加总的输出电量。

太阳能电池板（solar panel）　一种将许多光伏电池排列起来收集太阳能的方式。

现货市场（spot markets）　从一个大地区的公用电网中可供购买的短期电力。

可持续性（sustainability）　一个系统能够维持长期生存的能力。

构造板块（tectonic plate）　由于地幔流体一致性形成的众多地球外壳中的一部分大小不一的区域。

太瓦（terawatt，TW）　10^{12} 瓦。

热质（thermal mass）　一种在温暖环境下吸收热量，并在寒冷条件下缓慢释放的材料。

热阻（thermal resistance）　一种可以降低热量传递的材料。

酯交换（transesterification）　在植物油转变为生物柴油过程中发生的化学过程，将其中含有的一种官能团转变为另一种。

冻原（tundra）　极地或亚极地地区没有树木的平原，拥有永久的冰冻土壤，其植被通常由苔藓、地衣、草本植物和小灌木构成。

涡轮机（turbine）　一种将某种类型的运动（风或水）转变为另一种类型的运动（转动的齿轮），并将动能转变为电能的机器。

废物发电（waste-to-energy，WTE）　任意形式利用废弃物或生物质作为燃料并产生能量的过程，通常是以热能或电力的方式。

瓦时（watt-hour，Wh）　1 小时内所做的瓦特功。

风力发电厂（wind farm）　拥有许多风力发电涡轮的设施，以大量发电为目的。

零废弃物（zero waste）　可持续发展的终极目标，所有的废物排放都得到了避免，并且最大限度的利用了可回收产品。

扩展阅读

出版物和网络资源

Al Husseini, Sadad. "Sadad al Husseini Sees Peak in 2015." Interview with Steve Andrews.ASPO-USA Energy Bulletin (9/14/05). Available online. URL: www.energybulletin.net/node/9498. 2009 年 1 月 11 日可访问。对一位石油专家有关全球石油生产推测的简短采访。

Alvarado, Mathew. "Tire Rejuvenation: Efficient ways to Devulcanize Industrial Rubber." Available online. URL: cosmos. ucdavis.edu/Archive/2007/FinalProjects/Cluster% 208/Alvarado，Matt% 20Tire_Rejuvenation4f. doc. 2009 年 1 月 6 日可访问，一篇有关橡胶回收及重建橡胶中特定步骤化学过程的详细描述。

Audubon. "Protect the Arctic Refuge." 2009. Available online. URL: www. protectthearctic.com. 2009 年 4 月 22 日可访问。一个环境组织对有关石油工业对美国最后一片未被破坏的生态系统的影响的意见。

Bailey, Ronald H. *The Home Front: U.S.A.*Chicago: Time-Life Books, 1978. 一套历史丛书中的一本，回顾了第二次世界大战中美国的经济。

Baker, David R. "Methane to Power Vehicles." *San Francisco Chronicle* (4/30/08). 一篇新闻稿，有关一家公司采用甲烷作为汽车动力的方案，包括一份简要的方法描述。

Baker, David R. "Electric Currents." *San Francisco Chronicle* (12/18/07). 一份详细的有关潮汐能的介绍，并通过相关的图表描述这一能源的未来。

Barker, Terry, and Igor Bashmakov. "Mitigation from a Cross-sectoral Perspective." Chap.11 in *Climate Change 2007: Mitigation of Climate Change*.Cambridge: Cambridge University Press，2008. 一份有关全球气候改变政策、理念及全球共识报告的一部分。

Bauman, Margaret. "Sen.Stevens Pushes for EAS, Alternative Energy Funding." *Alaska Journal of Commerce* (7/20/08). Available online. URL: www. alaskajournal. com/stories/072008/hom_20080720008. shtml. 2009 年 1 月 12 日可访问。在全美石油经济越发重要的情况下，一篇洞察阿拉斯加现有替代能源进程的文章。

Bourne, Joel K. "Green Dreams." In *National Geographic*，October 2007. 一篇深入阐述乙醇生物燃料利弊的文章。

Brinkman，Paul."Obama Expected to Accelerate Efforts to Create U.S.Carbon Market." *South Florida Business Journal* (1/23/09). Available online. URL: southflorida.bizjournals.com/southflorida/stories/2009/01/26/ story4.html. 2009 年 1 月 31 日可访问。一篇涵盖了奥巴马政府起草的改善环境状况的文件。

BBC. "Bush Calls for Offshore Drilling." BBC News (6/18/08). Available online. URL: news.bbc.co.uk/2/hi/americas/7460767. stm. 2009 年 2 月 2 日可访问。一篇阐释美国油井政治观点的新闻，尤其详述了民主共和两党的不同观点。

BBC. "1957: Sputnik Satellite Blasts into Space." BBC News: On This Day (10/4/08). Available online. URL: news. bbc.co.uk/onthisday/hi/dates/ stories/october/4/newsid_2685000/2685115.stm. 2009 年 1 月 22 日可用。一篇着重介绍卫星研究领域历史事件及美国 - 苏联太空竞赛的文章。

Brown, Jeremy, and Pat Ford. "Science and Opportunity for Columbia/ Snake Salmon." *Bellingham Herald* (12/18/08). Available online.

URL: www.wild salmon.org/library/lib-detail.cfm?docID=794. 2009 年 1 月 14 日可访问。一家环境机构对于水能与环境见解的文章。

Bullis, Kevin. "Algae-Based Fuels Set to Bloom." Massachusetts Institute of Technology *Technology Review* (2/5/07). Available online. URL: www.livefuels.com. 2009 年 1 月 8 日可访问。一篇探讨有关藻类种植及相关生物燃料潜在应用的文章。

Bureau of Land Management. "Federal Agencies Move to Ease Development of Geothermal Energy and Increase Power Generation." News release (12/18/08). Available online. URL: www.blm.gov/wo/st/en/info/newsroom/2008/december/NR_12_18_2008.html. 2009 年 1 月 14 日可访问。美国土地管理局有关在美国西部建设主要地热能工程的公告。

Bush, George W. "State of the Union Address." (1/23/07). Available online. URL: frwebgate.access.gpo.gov/cgi-bin/getdoc.cgi?dbname=2008_record&docid=cr28ja08 -94. 2009 年 3 月 6 日可访问。国会上关环保及油井的总统报告。

Cabanatuan, Michael. "Fueling a Revolution." *San Francisco Chronicle* (2/22/07). 一篇解释小规模生物柴油产品及生物炼制未来发展的文章。

Capoor, Karan, and Philippe Ambrosi.*State and Trends of the Carbon Market* 2008.Washington, D.C.: World Bank Institute, 2008. Available online. URL: siteresources.worldbank.org/NEWS/Resources/State&Trendsformatted06May10pm.pdf. 2009 年 12 月 9 日可访问。世界银行有关全球排放变化市场现状及趋势的年度报告。

Cha, Ariana Eunjung. "China's Cars, Accelerating a Global Demand for Fuel." *Washington Post* (7/28/08). Available online. URL: www.washingtonpost.com/wp-dyn/content/article/2008/07/27/AR2008072701911_pf.html. 2009 年 1 月 8 日可访问。有关中国在石油消费中角色的精彩文章。

Clary, Greg. "Recycling Converts Milk Jugs to Tax Savings."

Lower Hudson Valley *Journal News* (1/13/06). Available online. URL: www.lohud.com/apps/pbcs.dll/article?AID=/20060113/NEWS02/601130338/1017/NEWS01. 2009 年 1 月 6 日可访问。这篇文章从一个有趣的角度观察了一个城市的回收经济。

Coase, Ronald H. "The Problem of Social Cost." *Journal of Law and Economics* 3 (1960): 1–44. Available online. URL: www.sfu.ca/~allen/CoaseJLE1960.pdf. 2009 年 3 月 6 日可访问。一篇标志着碳经济诞生的科技文章。

Emsley, John. "Making Viruses Make Nanowires to Make Anodes for Batteries." ScienceWatch.com (July/August, 2008). Available online. URL: sciencewatch.com/ana/hot/che/08julaug-che. 2009 年 1 月 23 日可访问。有关病毒电池的最新介绍。

Fagan, Dan. "Who Will Obama Listen To? Alaska's Economy Hangs in the Balance." *Alaska Standard* (1/7/09). Available online. URL: www.thealaskastandard.com/?q=node/248. 2009 年 1 月 12 日可访问。阿拉斯加有关气候变化与州石油经济的观察文章。

Federal Energy Regulatory Commission. "FERC Directs a Probe of Electric Bulk Power Markets." News release, July 26, 2000. Available online. URL: www.ferc.gov/industries/electric/indus-act/wec/chron/pr-07-26-00.pdf. 2008 年 12 月 6 日可访问。一篇表示美国能源业贪污丑闻之缘起的新闻。

First Solar. "First Solar Completes 10MW Thin Film Solar Power Plant for Sempra Generation." News release (12/22/08). Available online. URL: investor.firstsolar.com/phoenix.zhtml?c=201491&p=irol-newsArticle&ID=1238556&highlight=. 2009 年 1 月 14 日可访问。一篇报道大规模利用太阳能薄膜技术的发电厂的新闻。

Free Press News. "Science News: Some Climate Shift May Be Permanent" (1/29/09). Available online. URL: www.freep.com/article/20090129/

NEWS07/901290406/1009/Science+news++Some+climate+shift+may
+b－e+permanent. 2009 年 1 月 31 日可访问。一篇科学博客对有关气候
变化及其后果的讨论。

González, Ángel, and Hal Bernton. "Windfall Tax Lets Alaska Rake in
Billions from Big Oil." *Seattle Times* (8/10/08). Available online.
URL: seattletimes.nwsource.com/html/localnews/2008103325_
alaskatax07.html. 2009 年 1 月 12 日可访问。一篇有关奥巴马新政府可
能对阿拉斯加石油经济造成影响的新闻文章。

Grunwald, Michael. "The Clean Energy Scam." *Time* (4/7/08). 一项对不断
增长的生物燃料造成危害的研究调查。

Hillis, Scott. "Applied Sees Glass Solar Cell Demand Outgrowing
Silicon." Reuters(3/19/07). Available online. URL: www.planetark.
com/dailynewsstory.cfm/newsid/40936/story.htm. 2009 年 1 月 26 日可
访问。一项最新的有关薄层太阳能膜技术的进展。

Hotz, Robert Lee. "Make a Few Bucks, Help Fight Global Warming." *San
Francisco Chronicle* (2/11/07). 一篇解释有关碳交易的辩论的新闻。

Hubbert, M.King. "Energy from Fossil Fuels." *Science* 149, no.2, 823 (1949):
103–109. Available online. URL: www.hubbertpeak.com/Hubbert/
science1949. 2009 年 1 月 13 日可访问。一篇具有历史意义的预测化石
燃料峰值的科技文章。

International Energy Agency. "New Energy Realities—WEO Calls for Global
Energy Revolution Despite Economic Crisis." Press release (11/12/08).
Available online. URL: www.iea.org/Textbase/press/pressdetail.
asp?PRESS_REL_ID=275. 2008 年 12 月 10 日可访问。在经济大萧条时
代，一位能源政策领导人为了能源可持续发展而做的有力示例。

Johnston, David, and Kim Master. *Green Remodeling: Changing the World
One Room at a Time*. Gabriola Island, British Columbia, Canada: New
Society Publishers, 2004. 有关房屋建筑领域材料及可再生能源系统的

资源。

Johnston, Lindsay. "The Bushfire Architect." Interview with NineMSN. com (5/4/03). Available online. URL: sunday.ninemsn.com.au/sunday/ feature_stories/transcript_1265.asp. 一位绿色建筑师和全球闻名的脱离电网房屋发起人的深入思考。

King, John. "S.F.Hopes to Set Example with New Green Tower." *San Francisco Chronicle* (4/13/07). 一篇介绍了电力公司设计建造闭路电网总部大楼计划的文章。

Kunzig, Robert. "Pick Up a Mop." *Time* (7/14/08). 对减少二氧化碳含量的新技术，特别是影响海洋物质更新的技术的文章。

Lipp, Elizabeth. "Synthetic Biology Finds a Niche in Fuel Alternatives." *Genetic Engineering and Biotechnology News* (11/15/08). 明确说明生物技术在合成新的替代燃料中作用的文章。

Mabe, Matt. "Sun Is Part of the Plan for Greener Hempstead." *New York Times* (4/6/08). Available online. URL: www.nytimes.com/2008/04/06/ nyregion/nyregionspecial2/06solarli.html?_r=1&scp= &sq=greener+he-mpstead&st=nyt. 2009 年 1 月 14 日可访问。有关当地社区转向使用太阳能及相关决策过程的文章。

Maynard, Micheline. "Downturn Will Test Obama's Vision for an Energy-Efficient Auto Industry." *New York Times* (12/20/08). Available online. URL:www.nytimes.com/2008/12/21/business/21obama.html?scp=6&sq =automobile+industry&st=nyt. 2009 年 1 月 8 日可访问。2008 年美国汽车行业财政危机的进展。

McCullough, Robert.Memo to McCullough Research clients, June 5, 2002. Available online. URL: www.mresearch.com/pdfs/19. pdf. 一封在西方能源危机中阐明当时违法事件的非常有趣的信件。

Morris, Frank. "Missouri Town Is Running on Vapor—and Thriving." National Public Radio *All Things Considered* (8/9/08).

Available online.URL: www.npr.org/templates/story/story. php?storyId=93208355&ft=1&f=2. 2009 年 1 月 30 日可访问。一篇讲述一个小镇无需依赖市政电网能力的短文。

Mufson, Steven, and Philip Rucker. "Nobel Physicist Chosen to Be Energy Secretary." *Washington Post* (12/11/08). Available online. URL: www.washingtonpost.com/wp-dyn/content/article/2008/12/10/ AR2008121003681.html. 2009 年 1 月 12 日可访问。奥巴马在 2008 年接受任命时表达美国联邦能源立场的新闻文章。

National Security Space Office. "Space-based Solar Power as an Opportunity for Strategic Security" (10/10/07). Available online. URL: www.acq. osd.mil/nsso/solar/SBSPInterimAssesment0.1.pdf. 详细介绍了下一代太阳能发电卫星的太阳能电池的使用方法。

North American International Auto Show. "Michelin Challenge Design Announces 2010 Competition Theme." News release, January 12, 2009. Available online. URL: naias.mediaroom.com/index. php?s=43&item=417. 2009 年 1 月 13 日可访问。来自世界一流车展的关于汽车行业新汽车设计理念的最新消息。

Olson, Drew. "Recycling an Old Argument about Recycling." *On Milwaukee* (4/9/08). Available online. URL: www.onmilwaukee.com/ market/articles/recyclingdebate.html. 2009 年 1 月 6 日可访问。一篇有趣的反对回收再利用观点的文章。

Pacific Gas and Electric.*Daylighting in Schools: An Investigation into the Relationship between Daylighting and Human Performance* (8/20/99). Available online. URL: www.pge.com/includes/docs/pdfs/shared/ edusafety/training/pec/daylight/SchoolsCondensed8 20. pdf. 2009 年 1 月 26 日可访问。建筑物中阳光对健康有益的早期证据。

Pollack, Andrew. "Behind the Wheel/Toyota Prius；It's Easier to Be Green." *New York Times* (11/19/00). Available online. URL: query.

nytimes.com/gst/fullpage.html?res=9A02E7DA133BF93AA25752C1A9
669C8B63&scp=1&sq=Prius&st=nyt. 基于新丰田普锐斯提出的关于混合
动力汽车发展的历史性文章。

Pomerantz, Dorothy. "Can This Man Save the World?" Forbes (8/11/03).
Available online. URL: www.forbes.com/forbes/2003/0811/054.
html.2009 年 1 月 31 日可访问。一篇有关早期碳交易的文章。

Popely, Rick. "Battery-Powered Car Race Is On." *Chicago Tribune* (6/18/08).
Available online. URL: archives.chicagotribune.com/2008/jun/18/
business/chi-wed-car-batteries_06-17jun18. 2009 年 1 月 9 日可访问。
来自美国汽车制造商有关新一代电动汽车的新闻。

Powell, Jane. "Green Envy." *San Francisco Chronicle* magazine (5/13/07).
一篇指出了绿色建筑趋势缺陷的评述。

Prager, Michael. "Gridlock.Real Energy Conservation Requires a Smarter
Grid." *E/The Environmental Magazine* (January/February 2009). 一篇
有关传统电网现状及未来的文章。

Provey, Joe. "Building Wind Communities." *E/The Environmental
Magazine* (January/February 2009). 一篇解释如何使风力发电在美国社
区获得成功的文章。

Rabin, Emily. "Harnessing Daylight for Energy Savings." GreenBiz.
com (4/18/06). Available online. URL: www.greenbiz.com/
feature/2006/04/18/harnessingdaylight-energy-savings. 2009 年 1 月 26
日可访问。采光带来的一系列益处。

Rathje, William L. "The Garbage Project and 'The Archeology of Us.'"
In Encyclopaedia Britannica's Yearbook of Science and the Future—
1997. Edited by C. Cielgelski. New York: Encyclopaedia Britannica,
1996. Available online. URL: traumwerk.stanford.edu:3455/
Symmetry/174. 2009 年 1 月 22 日可访问。一篇来自于城市废弃物研究
领域专家的文章。

Richtel, Matt. "Start-up Fervor Shifts to Energy in Silicon Valley." *New York Times* (3/14/07). Available online. URL: www.nytimes. com/2007/03/14/technology/14valley.html?pagewanted=1&_r=1. 2009 年 1 月 13 日可访问。一篇强调能源工业产业背后新选择思路的文章。

Rosner, Hillary. "The Energy Challenge；Cooking Up More Uses for the Leftovers of Biofuel Production." *New York Times* (8/8/07). Available online. URL: query.nytimes.com/gst/fullpage.html?res=9B00E0DA123 0F93BA3575BC0A9619C8B63&sec=&spon=&pagewanted=1. 2009 年 1 月 12 日可访问。一篇阐释生物炼制缺陷的文章。

Schwartz, Lou, and Ryan Hodum. "'Smart Energy' Management for China's Transmission Grid" (11/13/08). Available online. URL: www. renewableenergyworld.com/rea/news/story?id=54061. 2009 年 3 月 6 日可访问。一篇有关中国转而开展智能电网投资现状的短文。

Science Daily. "Without Enzyme Catalyst, Slowest Known Biological Reaction Takes 1 Trillion Years" (5/6/03). Available online. URL: www.sciencedaily.com/releases/2003/05/030506073321.htm. 2009 年 1 月 9 日可访问。对生物领域酶的作用的详细解释。

Science Daily. "Plastics Recycling Industry 'Starving for Materials.'" (10/16/07). Available online. URL: www.sciencedaily.com/ releases/2007/10/071015111922.htm. 2009 年 1 月 6 日可访问。一篇描述塑料回收利用陷阱的短文。

Shah, Sonia. Crude: *The Story of Oil*. New York: Seven Stories Press, 2004. 一篇不错的有关石油工业、制造业周围政治审查及供应价格的调查文章。

Solazyme. "Solazyme Showcases World's First Algal-Based Renewable Diesel at Governor's Global Climate Summit." News release (11/17/08). Available online. URL: www.solazyme.com/news081119.shtml. 2009 年 1 月 23 日可访问。一篇解释燃料电池技术新方向的新闻报道。

Steffen, Alex, ed. *Worldchanging: A User's Guide for the 21st Century.* New York, Harry N.Abrams, 2006. 一本有关可持续生活中新技术的经典参考书。

Stipp, David. "The Next Big Thing in Energy: Pond Scum?" *Fortune* (4/22/08). Available online. URL: money.cnn.com/2008/04/14/technology/perfect_fuel.fortune/index.htm?postversion=2008042205. 2009 年 1 月 8 日可访问。数量有限的小公司正在制造养殖藻类以制造生物燃料的背景介绍。

Thompson, Elizabeth A. "MIT Opens New 'Window' on Solar Energy." *MIT News* (7/10/08). Available online. URL: web.mit.edu/newsoffice/2008/solarcells-0710.html. 2009 年 1 月 14 日可访问。对太阳能聚光是如何使用太阳能来提高工作电源能源转换效率的解释。

Tierney, John. "Recycling Is Garbage." *New York Times* magazine (6/30/96). Available online. URL: query.nytimes.com/gst/fullpage.html?res=990CE1DF1339F933A05755C0A960958260. 2009 年 3 月 6 日可访问。一篇被经常引用的有关回收是否有利于环境保护辩论的文章。

Wald, Matthew. "New Ways to Store Solar Energy for Nighttime and Cloudy Days." *New York Times* (4/15/08). Available online. URL: www.nytimes.com/2008/04/15/science/earth/15sola.html?scp=1&sq=new+ways+to+store+solar+energy+for+nighttime+and+cloudy+days&st=nyt. 2009 年 1 月 14 日可访问。一篇介绍收集太阳能后将其存储备用新技术的文章。

Walsh, Bryan. "Solar Power's New Style." *Time* (6/23/08). 关于太阳能薄膜快速进步技术的最新文章。

Wittbecker, Greg. "Recycle to Save Energy—the Sooner the Better" (5/14/08). Available online. URL: www.stopglobalwarming.org/sgw_read.asp?id=238075142008. 2009 年 1 月 6 日可访问。一篇总结从回收中节约再生能源的简短文章。

Zero Waste Alliance. Available online. URL: www.zerowaste.org/case.

htm.2009 年 1 月 31 日可访问。优化现有加氢项目的资源。

网站

AllPlasticBottles.org. Available online. URL: www.allplasticbottles.org.
　　2008 年 12 月 8 日可访问。一个简单的塑料回收和社区活动的覆盖范围。

American Solar Energy Society. Available online. URL: www.ases.org. 2009
　　年 1 月 30 日可访问。优秀的包含太阳能资源所有方面的网站资源。

American Wind Energy Association. Available online. URL: www.awea.org.
　　2009 年 1 月 30 日可访问。优秀的风电资源网站。

Chicago Climate Exchange. Available online. URL: www.chicagoclimatex.
　　com. 2008 年 12 月 9 日可访问。北美唯一的碳交易市场。

Electric Power Research Institute. Available online. URL: my.epri.com/
　　portal/server.pt. 2009 年 1 月 13 日可访问。良好的能源技术资源，以及
　　相关的协会杂志。

European Biomass Industry Association. Available online. URL: www.eubia.
　　org/285.0.html. 2009 年 1 月 29 日可访问。生物质能源技术资源现状。

Federal Energy Regulatory Commission. Available online. URL: www.ferc.
　　gov. 2009 年 1 月 13 日可访问。有关化石燃料能源、电力和替代能源的
　　法律和政府监管信息。

Fuel Cells 2000. Available online. URL: www.fuelcells.org. 2009 年 1 月 9 日
　　可访问。氢燃料电池如何工作及氢化学的基本背景知识。

Global Energy Network Institute. Available online. URL: www.geni.org/
　　globalenergy/index2.shtml. 2008 年 12 月 10 日可访问。一家创新组织的
　　及其全球能源电网的规划与建设。

GreenBuilding.com. Available online. URL: www.greenbuilding.com. 2009
　　年 3 月 5 日可访问。一家在线资源，包括可持续材料、能源节约系统与
　　LEED。

Greenpeace International. Available online. URL: www.greenpeace.org/

international. 2009 年 1 月 14 日可访问。一家环境组织有关替代能源与传统化石燃料及核能等问题的资源。

Intergovernmental Panel on Climate Change. Available online. URL: www. ipcc.ch. 2009 年 2 月 25 日可访问。针对气候变化的全球性政策及科学报告的主要资源。

National Recycling Coalition. Available online. URL: www.nrc-recycle.org. 2008 年 12 月 11 日可访问。一个很好的带有数据及技巧的资源，包括了一个互动的回收计算器。

Nuclear Energy Institute. Available online. URL: www.nei.org. 2009 年 1 月 14 日可访问。有关核电问题和进展的资源。